기본이 튼튼하면
가지가 무성하고 번영합니다.

이 책은 수학을 가까이 하기 힘들고 수학 앞에서 한없이 작아지는 학생들에게 수학이 쉬워지고 수학이 좋아지도록 기초 개념을 다지기 위해 만든 책입니다.
이 책으로 공부하면 '나도 할 수 있다'는 자신감을 갖게 되어 자신도 모르게 수학 공부의 즐거움을 알게 될 것입니다.

KB158474

이 책의 구성과 특징

본책 수학이 좋아지는 **개념북**

1_{단계} 개념+문제가 쉽다

1_{단계} 개념이 쉽다

① 이상과 이하 알아보기

★ **이상**
- 15, 16, 17 등과 같이 15와 같거나 큰 수를 15 이상

★ **이하**
- 25, 24, 23 등과 같이 25와 같거나 작은 수를 25 이하

71
73

73과 같

개념을 이해하기 쉽게 설명 하였습니다.

교과서 수준의 문제를 풀어 보며 개념을 확실하게 익힐 수 있습니다.

문제가 쉽다

정답

1 ☐ 안에 알맞은 말을 써넣으세요.

(1) 9와 같거나 큰 수를 9 ☐ 인 수라고 합니다.

(2) 17과 같거나 작은 수를 17 ☐ 인 수라고 합니다.

[5 ~ 6] 수빈이네 모둠 학생들의 키를 나타낸 표입니다. 물음에 답하세요.

수빈이네 모둠 학생들의 키

이름	수빈	지혜	
키(cm)	145.0	149.1	
이름	은빈	기웅	

2_{단계} 계산이 쉽다

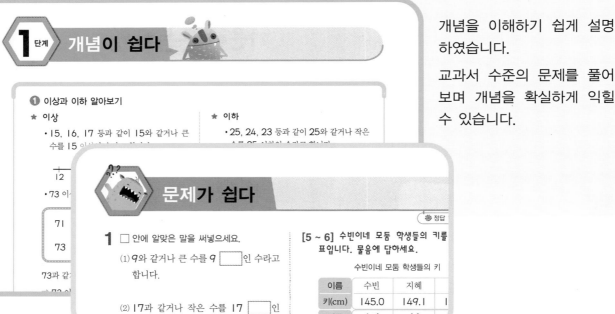

2_{단계} 계산이 쉽다

이상과 이하

[1 ~ 2] 수를 보고 물음에 답하세요.

10 11$\frac{1}{4}$ 12$\frac{1}{2}$ 13 14.5 15 16 17

1 13 이하인 수를 모두 찾아 써 보세요.

( )

2 11 이상 15 이하인 수를 모두 찾아 써 보세요.

( )

[3 ~ 4] 승민이네 모둠 학생들의 몸무게를 나타낸 표입니다. 물음에 답하세요.

이름	몸무게(kg)	이름	몸무게(kg)

기본 문제를 반복적으로 풀어 보면서 실력을 향상할 수 있습니다.

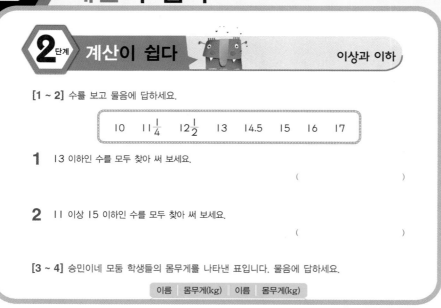

수학이 **쉬워**지는 **강추수학**

개념완성

초등수학 첫 기본 개념서

5-2

강추수학 개념완성과
내 교과서 비교하기

단원 찾는 방법

• 내 교과서 출판사명을 확인하고 공부할 범위의 페이지를 확인하세요.
• 다음 표에서 내 교과서의 공부할 페이지와 강추수학 개념완성 페이지를 비교하면 됩니다.
  예를 들어 아이스크림 미디어 57~84쪽이면 강추수학 개념완성 53~70쪽을 공부하시면 됩니다.

Search
단원찾기

단원	강추수학 개념완성	아이스크림 미디어	천재교과서 (박만구)	미래엔	천재교과서 (한대희)	비상교육	동아출판 (안병곤)	동아출판 (박교식)	금성출판사	대교	와이비엠
1. 수의 범위와 어림하기	5~32	9~32	10~31	9~32	8~31	8~29	8~31	8~29	8~31	6~31	8~31
2. 분수의 곱셈	33~52	33~56	32~53	33~58	32~55	30~51	32~57	30~51	32~57	32~55	32~57
3. 합동과 대칭	53~70	57~84	54~77	59~86	56~81	52~77	58~85	52~75	58~85	56~83	58~83
4. 소수의 곱셈	71~100	85~108	78~99	87~110	82~105	78~97	86~109	76~97	86~111	84~109	84~107
5. 직육면체	101~120	109~132	100~123	111~134	106~129	98~125	110~137	98~121	112~139	110~133	108~133
6. 평균과 가능성	121~136	133~156	124~143	135~158	130~155	126~147	138~163	122~147	140~165	134~159	134~15

3 단계 단원이 쉽다

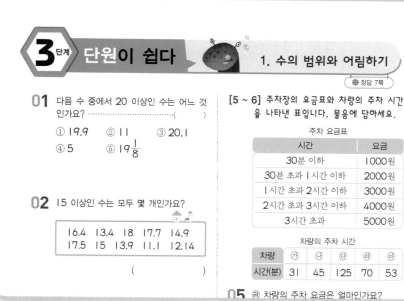

3 단계 **단원**이 쉽다

1. 수의 범위와 어림하기

✿ 정답 7쪽

01 다음 수 중에서 20 이상인 수는 어느 것 인가요? ·················( )

① 19.9 ② 11 ③ 20.1
④ 5 ⑤ $19\frac{1}{8}$

02 15 이상인 수는 모두 몇 개인가요?

| 16.4 13.4 18 17.7 14.9 |
| 17.5 15 13.9 11.1 12.14 |

( )

[5 ~ 6] 주차장의 요금표와 차량의 주차 시간 을 나타낸 표입니다. 물음에 답하세요.

주차 요금표

시간	요금
30분 이하	1000원
30분 초과 1시간 이하	2000원
1시간 초과 2시간 이하	3000원
2시간 초과 3시간 이하	4000원
3시간 초과	5000원

차량의 주차 시간

차량	㉮	㉯	㉰	㉱	㉲
시간(분)	31	45	125	70	53

05 ㉱ 차량의 주차 요금은 얼마인가요?

시험에 자주 출제되는 문제 를 수록하였습니다.

다양한 문제를 풀어 보며 평 가에 대비할 수 있습니다.

부록 수학이 쉬워지는 **워크북**

쉬운 개념 체크

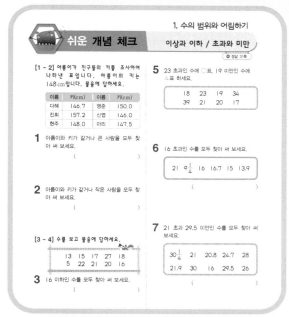

기본 문제를 풀어 보며 개념을 한 번 더 체크할 수 있습니다.

쉬운 서술형

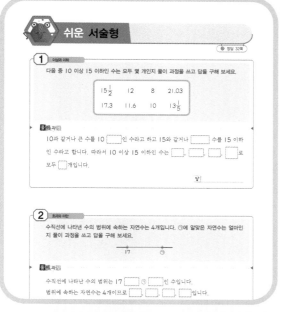

서술형 문제를 연습하며 실력을 업그레이드할 수 있습니다.

개념북 수학이 쉬워지는

차례

1. 수의 범위와 어림하기 ····5

2. 분수의 곱셈··········33

3. 합동과 대칭··········53

4. 소수의 곱셈 ··········71

5. 직육면체 ············101

6. 평균과 가능성········121

5 -2

① 수의 범위와 어림하기

❶ 이상과 이하 알아보기

❷ 초과와 미만 알아보기

❸ 수의 범위를 활용하여 문제를 해결하기

❹ 올림 알아보기

❺ 버림 알아보기

❻ 반올림 알아보기

❼ 올림, 버림, 반올림을 활용하여 문제를 해결하기

① 이상과 이하 알아보기

★ **이상**

- 15, 16, 17 등과 같이 15와 같거나 큰 수를 15 이상인 수라고 합니다.

15를 포함하므로 ●로 나타냅니다.

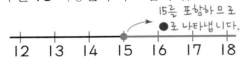

- 73 이상인 수 찾기

| 71 | 71.2 | 72 | $72\frac{1}{4}$ | 72.9 |
| 73 | 73.1 | $73\frac{1}{2}$ | 75 | 76.7 |

73과 같거나 큰 수를 찾습니다.

➡ 73 이상인 수: 73, 73.1, $73\frac{1}{2}$, 75, 76.7

★ **이하**

- 25, 24, 23 등과 같이 25와 같거나 작은 수를 25 이하인 수라고 합니다.

25를 포함하므로 ●로 나타냅니다.

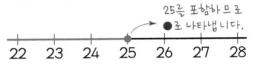

- 89 이하인 수 찾기

| 84.5 | $85\frac{1}{5}$ | 87 | 89 | 89.1 |
| $89\frac{1}{8}$ | 90 | 91.7 | 93 | 95 |

89와 같거나 작은 수를 찾습니다.

➡ 89 이하인 수: 84.5, $85\frac{1}{5}$, 87, 89

---

1 수를 보고 물음에 답하세요.

| 9 | 10 | 11 | 12 | 13 | 14 | 15 |

(1) 12와 같거나 큰 수를 모두 찾아 써 보세요.

( )

(2) 알맞은 말에 ○표 하세요.

11, 10, 9와 같이 11과 같거나 작은 수를 11 (이상, 이하)인 수라고 합니다.

2 수를 보고 물음에 답하세요.

| $8\frac{1}{2}$ | 6.5 | 9 | 5 | $9\frac{1}{4}$ |
| 4.8 | 7.6 | $3\frac{1}{2}$ | $2\frac{1}{3}$ | 11 |

(1) 9 이상인 수를 모두 찾아 써 보세요.

( )

(2) 5 이하인 수를 모두 찾아 써 보세요.

( )

문제가 쉽다

🌸정답 1쪽

1 □ 안에 알맞은 말을 써넣으세요.

(1) 9와 같거나 큰 수를 9 □ 인 수라고 합니다.

(2) 17과 같거나 작은 수를 17 □ 인 수라고 합니다.

[2 ~ 3] 채율이네 반 학생들의 영어 점수를 조사하여 나타낸 표입니다. 물음에 답하세요.

채율이네 반 학생들의 영어 점수

이름	점수	이름	점수
채율	92	지훈	97
동윤	85	민준	74
윤경	76	미수	88
주현	83	유미	72

2 점수가 88점과 같거나 높은 학생을 모두 찾아 써 보세요.

( )

3 점수가 83점과 같거나 낮은 학생은 모두 몇 명인가요?

( )

4 70 이상인 수에 모두 ○표 하세요.

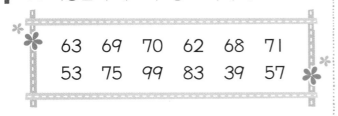

63　69　70　62　68　71
53　75　99　83　39　57

[5 ~ 6] 수빈이네 모둠 학생들의 키를 조사한 표입니다. 물음에 답하세요.

수빈이네 모둠 학생들의 키

이름	수빈	지혜	지은
키(cm)	145.0	149.1	144.7
이름	은빈	기웅	승기
키(cm)	142.5	132.9	156.3

5 키가 145 cm 이상인 학생을 모두 찾아 써 보세요.

( )

6 키가 145 cm 이하인 학생을 모두 찾아 써 보세요.

( )

[7 ~ 8] 수직선에 나타내어 보세요.

7

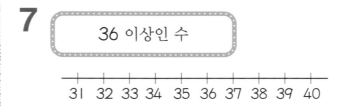

36 이상인 수

31 32 33 34 35 36 37 38 39 40

8

62 이하인 수

56 57 58 59 60 61 62 63 64 65

2 초과와 미만 알아보기

★ 초과

- 7, 8, 9 등과 같이 6보다 큰 수를 6 초과인 수라고 합니다.

  → 6을 포함하지 않으므로 ○로 나타냅니다.

  3 4 5 6 7 8 9

- 11 초과인 수 찾기

| 9.8 | 10 | $10\frac{6}{7}$ | 11 | 10.2 |
| $11\frac{3}{4}$ | 12 | 16.5 | 8.1 | $6\frac{7}{10}$ |

11보다 큰 수를 찾습니다. 11은 포함되지 않습니다.

➡ 11 초과인 수: $11\frac{3}{4}$, 12, 16.5

★ 미만

- 5, 4, 3 등과 같이 6보다 작은 수를 6 미만인 수라고 합니다.

  → 6을 포함하지 않으므로 ○로 나타냅니다.

  3 4 5 6 7 8 9

- 26 미만인 수 찾기

| 26.1 | 26.6 | $24\frac{1}{2}$ | 26 | 22 |
| $26\frac{7}{8}$ | 27 | 21.4 | 30.3 | 33.7 |

26보다 작은 수를 찾습니다. 26은 포함되지 않습니다.

➡ 26 미만인 수: $24\frac{1}{2}$, 22, 21.4

---

1 어느 날 도시별 기온을 조사한 표입니다. 물음에 답하세요.

도시별 기온

도시	기온(℃)	도시	기온(℃)
서울	18.5	대전	20.5
부산	23.5	대구	23.4
광주	21.3	전주	24.0

(1) 기온이 21.3℃보다 높은 도시를 모두 찾아 써 보세요.

(   )

(2) 기온이 21.3℃보다 낮은 도시를 모두 찾아 써 보세요.

(   )

2 9 초과인 수가 <u>아닌</u> 것은 어느 것인가요?

(   )

① 10.7   ② $11\frac{1}{3}$ ③ 9

④ $13\frac{1}{4}$ ⑤ 15

3 21 초과인 수는 모두 몇 개인가요?

| 17 | 24 | $35\frac{1}{2}$ | $20\frac{1}{4}$ | 22 |
| 19 | 21.5 | 28.6 | 21 | 16.5 |

(   )

문제가 쉽다

1 □ 안에 알맞은 말을 써넣으세요.

(1) 7보다 큰 수를 7 ☐ 인 수라고 합니다.

(2) 20보다 작은 수를 20 ☐ 인 수라고 합니다.

[2 ~ 3] 승현이네 모둠 학생들의 몸무게를 조사하여 나타낸 표입니다. 물음에 답하세요.

학생들의 몸무게

이름	몸무게(kg)	이름	몸무게(kg)
승현	30.6	정우	32.0
민서	32.5	보민	34.0
소연	31.9	민근	33.8

2 몸무게가 32 kg 초과인 학생을 모두 써 보세요.

( )

3 몸무게가 32 kg 미만인 학생은 모두 몇 명인가요?

( )

[4 ~ 5] 수를 보고 물음에 답하세요.

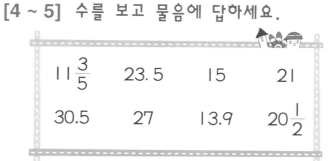

| $11\frac{3}{5}$ | 23.5 | 15 | 21 |
| 30.5 | 27 | 13.9 | $20\frac{1}{2}$ |

4 21 초과인 수를 모두 찾아 써 보세요.

( )

5 15 미만인 수를 모두 찾아 써 보세요.

( )

[6 ~ 7] 수직선에 나타내어 보세요.

6

> 7 초과인 수

```
+---+---+---+---+---+---+---+---+---+
3   4   5   6   7   8   9   10  11  12
```

7

> 23 미만인 수

```
+---+---+---+---+---+---+---+---+---+
19  20  21  22  23  24  25  26  27  28
```

1. 수의 범위와 어림하기 **9**

❸ 수의 범위를 활용하여 문제를 해결하기

★ 수의 범위 알아보기

남학생들의 윗몸 일으키기 기록

이름	승민	강제	성현	종국
횟수(회)	24	21	30	32

윗몸 일으키기 횟수별 등급

등급	1	2	3
횟수(회)	20 이하	21 이상 29 이하	30 이상

• 승민이의 윗몸 일으키기 기록이 속하는 범위는 21회 이상 29회 이하인 2등급입니다.

• 종국이의 윗몸 일으키기 기록이 속하는 범위는 30점 이상이고, 3등급입니다.

★ 수의 범위를 수직선에 나타내기

• 5 이상 8 이하인 수

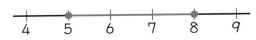

• 4 이상 7 미만인 수

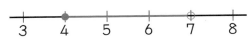

• 3 초과 6 이하인 수

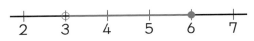

• 2 초과 5 미만인 수

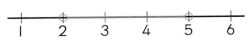

• 이상과 이하는 ●으로, 초과와 미만은 ○으로 나타냅니다.

[1 ~ 2] 정인이네 모둠의 100 m 달리기 기록을 조사한 표입니다. 물음에 답하세요.

100 m 달리기 기록

이름	정인	재은	보연	정은	수민	이빈
기록(초)	14.5	16.1	15.0	18.5	17.5	16.0

1 100 m 달리기 기록이 17.5초 이상인 사람은 모두 몇 명인가요?

(   )

2 100 m 달리기 기록이 15초 초과 17.5초 미만인 사람을 모두 찾아 써 보세요.

(   )

3 수직선에 나타낸 수의 범위를 보고 □ 안에 알맞은 수나 말을 써넣으세요.

(1)

10 11 12 13 14 15 16 17 18 19

수직선에 나타낸 수는 14보다 큰 수이므로 14 ☐ 인 수입니다.

(2)

14 15 16 17 18 19 20 21 22 23

수직선에 나타낸 수는 16보다 크거나 같고 21보다 작은 수이므로 ☐ 이상 21 ☐ 인 수입니다.

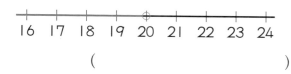

[1 ~ 3] 승호네 학교 남자 태권도 선수들의 몸무게와 체급별 몸무게를 나타낸 표입니다. 물음에 답하세요.

승호네 학교 남자 태권도 선수들의 몸무게

이름	승호	준우	현석	민철
몸무게(kg)	35.6	37.8	34.0	39.2

체급별 몸무게 (초등학교 남학생용)

체급	몸무게(kg)
핀급	32 이하
플라이급	32 초과 34 이하
밴텀급	34 초과 36 이하
페더급	36 초과 39 이하
라이트급	39 초과

1 준우의 체급을 써 보세요.

(   )

2 플라이급에 속하는 학생의 이름을 써 보세요.

(   )

3 승호가 속한 체급의 몸무게 범위를 수직선에 나타내어 보세요.

```
 ┼──┼──┼──┼──┼──┼──┼──┼──┼
31 32 33 34 35 36 37 38 39
```

4 수직선에 나타낸 수의 범위를 써 보세요.

```
 ┼──┼──┼──┼──┼──┼──┼──┼──┼
16 17 18 19 20 21 22 23 24
```

(   )

5 26을 포함하는 수의 범위를 모두 찾아 기호를 써 보세요.

> ㉠ 15 이상 26 미만인 수
> ㉡ 26 초과 30 이하인 수
> ㉢ 18 이상 27 미만인 수
> ㉣ 26 이상 31 이하인 수

(   )

6 수직선에 나타내어 보세요.

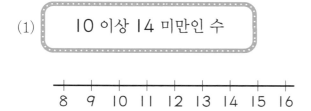

(1) 10 이상 14 미만인 수

```
 ┼──┼──┼──┼──┼──┼──┼──┼──┼
 8  9  10 11 12 13 14 15 16
```

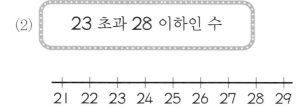

(2) 23 초과 28 이하인 수

```
 ┼──┼──┼──┼──┼──┼──┼──┼──┼
21 22 23 24 25 26 27 28 29
```

[1 ~ 2] 수를 보고 물음에 답하세요.

$$10 \quad 11\frac{1}{4} \quad 12\frac{1}{2} \quad 13 \quad 14.5 \quad 15 \quad 16 \quad 17$$

1 13 이하인 수를 모두 찾아 써 보세요.

( )

2 11 이상 15 이하인 수를 모두 찾아 써 보세요.

( )

[3 ~ 4] 승민이네 모둠 학생들의 몸무게를 나타낸 표입니다. 물음에 답하세요.

이름	몸무게(kg)	이름	몸무게(kg)
승민	38.0	혜진	39.7
지혜	31.4	민성	34.5
도선	45.2	영훈	40.0

3 몸무게가 38 kg 이하인 학생은 모두 몇 명인가요?

( )

4 몸무게가 40 kg 이상인 학생의 몸무게를 모두 찾아 써 보세요.

( )

5 9 이상 13 이하인 자연수를 모두 써 보세요.

( )

6 20 이상 30 이하인 자연수는 모두 몇 개인가요?

( )

[1 ~ 4] 현우가 친구들의 몸무게를 조사하여 나타낸 표입니다. 현우의 몸무게는 48 kg입니다. 물음에 답하세요.

이름	몸무게(kg)	이름	몸무게(kg)
지성	47.0	광희	48.5
경호	50.5	진우	37.3
세미	52.0	혜원	48.0
미숙	46.2	선혜	40.1

1 현우보다 무거운 친구를 모두 찾아 써 보세요.

(   )

2 ☐ 안에 알맞은 말을 써넣으세요.

50.5, 52.0, 48.5 등과 같이 48보다 큰 수를 48 ☐ 인 수라고 합니다.

3 현우보다 가벼운 친구를 모두 찾아 써 보세요.

(   )

4 ☐ 안에 알맞은 말을 써넣으세요.

47.0, 46.2, 37.3, 40.1 등과 같이 48보다 작은 수를 48 ☐ 인 수라고 합니다.

[5 ~ 6] 수를 보고 물음에 답하세요.

$$9.8 \quad 10 \quad 10\frac{1}{3} \quad 11 \quad 11.2 \quad 11\frac{3}{4} \quad 12 \quad 12.5$$

5 11 미만인 수를 모두 찾아 써 보세요.

(   )

6 10 초과 12 미만인 수를 모두 찾아 써 보세요.

(   )

[1 ~ 4] 수직선에 나타낸 수의 범위를 써 보세요.

1

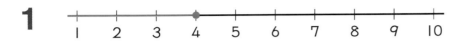

( )

2

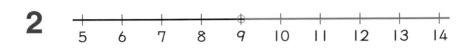

( )

3

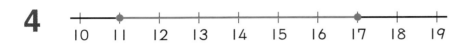

( )

4

( )

[5 ~ 7] 수직선에 나타내어 보세요.

5

| 17 초과인 수 |

```
15  16  17  18  19  20  21  22  23  24
```

6

| 22 이상 27 미만인 수 |

```
19  20  21  22  23  24  25  26  27  28
```

7

| 14 초과 17 미만인 수 |

```
10  11  12  13  14  15  16  17  18  19
```

수의 범위를 활용하여 문제를 해결하기

🌸 정답 3쪽

[1 ~ 3] 세호네 반 학생들의 윗몸 말아 올리기 기록입니다. 세호네 반 학생들의 기록은 어느 등급에 속하는지 알아보려고 합니다. 물음에 답하세요.

세호네 반 남학생들의 윗몸 말아 올리기 기록

이름	세호	형석	진우	재성	명수	준현
횟수(회)	37	25	79	18	56	64

등급별 횟수(초등학교 5학년 남학생용)

등급	횟수(회)
1	80 이상
2	40 이상 79 이하
3	22 이상 39 이하
4	10 이상 21 이하
5	9 이하

1 세호가 속한 등급을 써 보세요.

(   )

2 세호와 같은 등급에 속하는 학생의 이름을 써 보세요

(   )

3 세호가 속한 등급의 횟수 범위를 수직선에 나타내어 보세요.

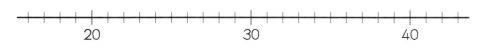

4 42 이상 46 미만인 수에 ◯표 하세요.

40	41	42	43	44	45	46	47	48

❹ 올림 알아보기

★ **올림 알아보기**

공책 324권 구입하기

• 1권씩 살 때 ➡ 324권
  필요한 권수만큼 살 수 있습니다.
• 10권씩 묶음으로 살 때 ➡ 330권
  320권을 사면 4권이 모자라므로
  1묶음을 더 사서 330권을 사야 합니다.
  ∿ 10권
• 100권씩 묶음으로 살 때 ➡ 400권
  300권을 사면 24권이 모자라므로
  1묶음을 더 사서 400권을 사야 합니다.
  ∿ 100권

384를 십의 자리까지 나타내기 위하여 십의 자리 아래 수인 4를 10으로 보고 390으로 나타낼 수 있습니다. 이와 같이 구하려는 자리 아래 수를 올려서 나타내는 방법을 올림이라고 합니다.

올림하여 십의 자리까지 나타내면
3 8<u>4</u> → 390

올림하여 백의 자리까지 나타내면
3<u>84</u> → 400

1 리본을 만드는 데 121 cm의 끈이 필요합니다. 끈을 10 cm 단위로 판다고 할 때, 물음에 답하세요.

(1) 끈을 120 cm 사면 몇 cm가 모자라나요?

(   )

(2) 끈을 몇 cm 사야 리본을 만들 수 있나요?

(   )

2 올림하여 십의 자리까지 나타내어 보세요.

(1) 962 ➡ (   )
(2) 857 ➡ (   )

3 농장에서 427상자의 감을 수확하여 모두 운반하려고 합니다. 트럭 1대에 100상자를 실을 수 있습니다. 물음에 답하세요.

(1) 427을 올림하여 백의 자리까지 나타내어 보세요.

(   )

(2) 427상자를 실으려면 트럭은 모두 몇 대 필요한가요?

(   )

정답 3쪽

1 올림하여 백의 자리까지 나타내어 보세요.

(1) 9302 ➡ (   )

(2) 2810 ➡ (   )

2 올림하여 천의 자리까지 나타내어 보세요.

(1) 4200 ➡ (   )

(2) 72507 ➡ (   )

3 올림하여 소수 첫째 자리까지 나타내어 보세요.

(1) 23.64 ➡ (   )

(2) 8.172 ➡ (   )

4 올림하여 십의 자리까지 나타내면 250이 되는 자연수는 모두 몇 개인가요?

(   )

5 수를 올림하여 주어진 자리까지 나타내어 보세요.

수	십의 자리	백의 자리
8641		

6 올림하여 백의 자리까지 나타내어 보세요.

25801 ──올림──➡ [   ]

[7 ~ 8] 어느 가게에서 포장용 끈을 100cm 단위로 판다고 합니다. 상자를 포장하는 데 필요한 끈이 216cm라면 끈을 몇 cm 사야 하는지 물음에 답하세요.

7 216을 올림하여 백의 자리까지 나타내어 보세요.

(   )

8 끈을 몇 cm 사야 하나요?

(   )

1
단원

❺ 버림 알아보기

★ **12560원을 모형 화폐로 바꾸기**

10000원짜리	1000원짜리

100원짜리	10원짜리

- 100원짜리 동전으로만 바꾸면 12500원 까지 바꿀 수 있습니다.

- 1000원짜리 지폐로만 바꾸면 12000원 까지 바꿀 수 있습니다.
- 10000원짜리 지폐로만 바꾸면 10000원 까지 바꿀 수 있습니다.

2345를 십의 자리까지 나타내기 위하여 십의 자리 아래 수인 5를 0으로 보고 2340으로 나타낼 수 있습니다. 이와 같이 구하려는 자리 아래 수를 버려서 나타내는 방법을 버림이라고 합니다.

버림하여 십의 자리까지 나타내면
2345 → 2340

버림하여 백의 자리까지 나타내면
2345 → 2300

---

1 민정이는 10원짜리 동전 1482개를 모았습니다. □ 안에 알맞은 수를 써넣으세요.

(1) 민정이가 모은 10원짜리 동전은 모두 □□□ 원입니다.

(2) 모은 돈을 100원짜리 동전으로 바꾸면 □□□ 원까지 바꿀 수 있습니다.

(3) 모은 돈을 1000원짜리 지폐로 바꾸면 □□□ 원까지 바꿀 수 있습니다.

(4) 모은 돈을 10000원짜리 지폐로 바꾸면 □□□ 원까지 바꿀 수 있습니다.

2 귤이 1248개를 한 상자에 100개씩 담으려고 합니다. 귤이 100개씩 담긴 상자는 몇 상자인지 알아보세요.

(1) 1248을 버림하여 백의 자리까지 나타내어 보세요.

( )

(2) 귤이 100개씩 담긴 상자는 몇 상자인가요?

( )

3 수를 버림하여 십의 자리까지 나타내어 보세요.

(1) 245 ➡ ( )

(2) 361 ➡ ( )

문제가 쉽다

❀ 정답 4쪽

1 수를 버림하여 천의 자리까지 나타내어 보세요.

(1) 3508 ➡ (   )

(2) 7794 ➡ (   )

2 수를 버림하여 백의 자리까지 나타내어 보세요.

(1) 505 ➡ (   )

(2) 999 ➡ (   )

3 버림하여 소수 둘째 자리까지 나타내어 보세요.

(1) 8.165 ➡ (   )

(2) 53.246 ➡ (   )

4 버림하여 십의 자리까지 나타내었을 때 1730이 되는 자연수는 모두 몇 개인가요?

(   )

5 수를 버림하여 주어진 자리까지 나타내어 보세요.

수	십의 자리	백의 자리
4713		

6 버림하여 천의 자리까지 나타내어 보세요.

63704 $\xrightarrow{\text{버림}}$ [   ]

[7 ~ 8] 어느 공장에서 만든 사탕 527개를 1봉지에 10개씩 포장하려고 합니다. 포장할 수 있는 사탕은 몇 봉지인지 물음에 답하세요.

7 527을 버림하여 십의 자리까지 나타내어 보세요.

(   )

8 포장할 수 있는 사탕은 몇 봉지인가요?

(   )

⑥ 반올림 알아보기

★ 반올림 알아보기

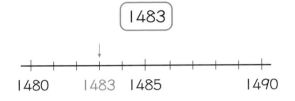

| 1483 |

```
+---+---+---+---+---+---+---+---+---+---+
1480   1483  1485              1490
```

- 1483은 1480과 1490 중에서 1480에 더 가깝습니다. 1483을 반올림하여 십의 자리까지 나타내면 1480입니다.

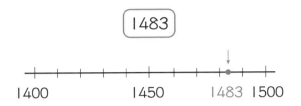

| 1483 |

```
+---+---+---+---+---+---+---+---+---+---+
1400       1450       1483 1500
```

- 1483은 1400과 1500 중에서 1500에 더 가깝습니다. 1483을 반올림하여 백의 자리까지 나타내면 1500입니다.

- 올림, 버림은 구하려는 자리의 아래 수를 모두 보고 어림하고, 반올림은 구하려는 자리의 한 자리 아래 숫자만 보고 어림합니다.

- 구하려는 자리 바로 아래 자리의 숫자가 0, 1, 2, 3, 4이면 버리고, 5, 6, 7, 8, 9이면 올리는 방법을 반올림이라고 합니다.

반올림하여 십의 자리까지 나타내면
2763 → 2760

반올림하여 백의 자리까지 나타내면
2763 → 2800

---

1 □ 안에 알맞은 수를 써넣으세요.

(1)
```
        1253
+---+---+---+---+---+---+---+---+---+---+
1250     1255              1260
```
1253은 1260보다 1250에 더 가까우므로 약 [   ]입니다.

(2)
```
                    1477
+---+---+---+---+---+---+---+---+---+---+
1400       1450              1500
```
1477은 1400보다 1500에 더 가까우므로 약 [   ]입니다.

2 □ 안에 알맞은 수를 써넣으세요.

(1) 8425를 반올림하여 십의 자리까지 나타내면 [   ]입니다.

(2) 8425를 반올림하여 백의 자리까지 나타내면 [   ]입니다.

(3) 8425를 반올림하여 천의 자리까지 나타내면 [   ]입니다.

문제가 쉽다

❀정답 4쪽

[1 ~ 3] 윤우네 학교의 남학생은 756명, 여학생은 742명입니다. 물음에 답하세요.

1 남학생 수와 여학생 수를 수직선에 ↓로 나타내어 보세요.

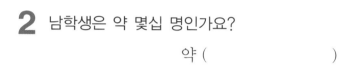

2 남학생은 약 몇십 명인가요?

약 (   )

3 여학생은 약 몇십 명인가요?

약 (   )

4 어느 날 극장 관람객 수는 남자가 5376명, 여자가 6829명이었습니다. 물음에 답하세요.

(1) 남자 관람객 수를 반올림하여 백의 자리까지 나타내어 보세요.

(   )

(2) 여자 관람객 수를 반올림하여 천의 자리까지 나타내어 보세요.

(   )

(3) 전체 관람객 수를 반올림하여 천의 자리까지 나타내어 보세요.

(   )

5 반올림하여 십의 자리까지 나타내어 보세요.

(1) 618 ➡ (   )

(2) 3450 ➡ (   )

6 반올림하여 백의 자리까지 나타내어 보세요.

(1) 3547 ➡ (   )

(2) 2351 ➡ (   )

7 반올림하여 주어진 자리까지 나타내어 보세요.

수	십의 자리	백의 자리
4273		
25846		

8 수를 반올림하여 주어진 자리까지 나타내어 보세요.

(1) 7.248 (소수 첫째 자리)

(   )

(2) 32.145 (소수 둘째 자리)

(   )

7 올림, 버림, 반올림을 활용하여 문제 해결하기

★ 올림을 활용하기

> 등산객 136명이 케이블카를 타고 전망대에 오르려고 합니다. 케이블카 한 대에 탈 수 있는 정원이 10명일 때 케이블카는 최소 몇 번 운행해야 하는지 알아보세요.

① 어림 방법 알아보기: 130명으로 어림하여 13번 운행하면 남은 6명이 탈 수 없으므로 올림하여 140명으로 어림합니다.

② 답 구하기: 등산객 136명이 모두 전망대에 오르려면 케이블카는 최소 14번 운행해야 합니다.

★ 버림을 활용하기

> 선물 상자 한 개를 포장하는 데 끈 1 m가 필요합니다. 끈 842 cm로 상자를 최대 몇 개까지 포장할 수 있는지 알아보세요.

① 어림 방법 알아보기: 1 m는 100 cm이므로 상자 8개를 포장하고 남은 42 cm로는 상자를 포장할 수 없으므로 버림하여 800 cm로 어림합니다.

② 답 구하기: 끈 842 cm로 상자를 최소 8개까지 포장할 수 있습니다.

1 운동회 때 학생 216명에게 모두 한 권씩 공책을 나누어 주려고 합니다. 10권씩 묶음으로 산다면 공책을 최소 몇 권 사야 하는지 알아보세요.

(1) 필요한 공책을 사기 위하여 216을 올림, 버림, 반올림 중에서 어떤 방법으로 어림해야 하나요?

(   )

(2) 공책을 최소 몇 권 사야 하나요?

(   )

2 준기네 반 학생들이 이웃 돕기를 하려고 동전을 모았습니다. 모은 동전이 43270원일 때 1000원짜리 지폐로 바꾼다면 최대 얼마까지 바꿀 수 있는지 알아보세요.

(1) 지폐로 바꾸기 위하여 43270을 올림, 버림, 반올림 중에서 어떤 방법으로 어림해야 하나요?

(   )

(2) 모은 동전은 최대 얼마까지 바꿀 수 있나요?

(   )

🌸 정답 5쪽

1 사과 278개를 모두 상자에 담으려고 합니다. 한 상자에 100개씩 담을 때 필요한 상자는 최소 몇 개인지 알아보세요.

(1) 사과를 100개씩 담는 상자는 몇 개인가요?

( )

(2) 100개씩 담고 남는 사과는 몇 개인가요?

( )

(3) 사과를 모두 상자에 담으려면 상자는 최소 몇 개가 필요한가요?

( )

2 윤아는 23400원짜리 가방을 한 개 샀습니다. 1000원짜리 지폐로만 가방값을 낸다면 최소 얼마를 내야 하나요?

( )

3 공장에서 과자를 2532봉지 만들었습니다. 한 상자에 10봉지씩 담아서 판다면 과자는 최대 몇 상자까지 팔 수 있나요?

( )

4 윤아네 모둠 친구들의 몸무게를 나타낸 표입니다. 몸무게를 반올림하여 일의 자리까지 나타내어 보세요.

이름	몸무게(kg)	반올림한 몸무게(kg)
윤아	37.4	
재희	34.6	
정훈	42.7	
민석	45.3	

5 어느 도시의 인구는 367249명입니다. 이 도시의 인구를 반올림하여 만의 자리까지 나타내면 몇 명인가요?

( )

6 길이가 357cm인 색 테이프가 있습니다. 이 색 테이프를 한 도막의 길이가 10cm가 되게 자르려고 합니다. 길이가 10cm인 도막은 최대 몇 개로 자를 수 있나요?

( )

1 단원

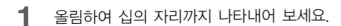
1 올림하여 십의 자리까지 나타내어 보세요.

(1) 2503 ➡ _____

(2) 4729 ➡ _____

(3) 9852 ➡ _____

(4) 3641 ➡ _____

2 올림하여 백의 자리까지 나타내어 보세요.

(1) 5125 ➡ _____

(2) 2062 ➡ _____

(3) 7250 ➡ _____

(4) 6304 ➡ _____

3 올림하여 천의 자리까지 나타내어 보세요.

(1) 1560 ➡ _____

(2) 6040 ➡ _____

(3) 5497 ➡ _____

(4) 3005 ➡ _____

4 다음 중 올림하여 백의 자리까지 나타내었을 때, 4700이 되는 수를 모두 찾아 써 보세요.

| 4732 | 4653 | 4600 |
| 4640 | 4710 | 4602 |

(   )

1 버림하여 십의 자리까지 나타내어 보세요.

(1) 7623 ➡ _____

(2) 2791 ➡ _____

(3) 4356 ➡ _____

(4) 5039 ➡ _____

2 버림하여 백의 자리까지 나타내어 보세요.

(1) 3296 ➡ _____

(2) 4879 ➡ _____

(3) 6980 ➡ _____

(4) 5034 ➡ _____

3 버림하여 천의 자리까지 나타내어 보세요.

(1) 7679 ➡ _____

(2) 24641 ➡ _____

(3) 8932 ➡ _____

(4) 15604 ➡ _____

4 다음 중 버림하여 백의 자리까지 나타내었을 때, 3500이 되는 수를 모두 찾아 써 보세요.

| 3470 | 3592 | 3480 |
| 3509 | 3557 | 3481 |

(   )

[1 ~ 10] 수를 반올림하여 (   ) 안의 자리까지 나타내어 보세요.

1 547(십의 자리) ➡ _____

2 737(백의 자리) ➡ _____

3 1954(백의 자리) ➡ _____

4 5498(천의 자리) ➡ _____

5 456(십의 자리) ➡ _____

6 829(백의 자리) ➡ _____

7 706(백의 자리) ➡ _____

8 8229(천의 자리) ➡ _____

9 2.643(소수 첫째 자리)
➡ _____

10 17.258(소수 둘째 자리)
➡ _____

11 다음 수를 반올림하여 천의 자리까지 나타낸 수와 올림하여 만의 자리까지 나타낸 수의 차를 구해 보세요.

23893

(   )

정답 6쪽

[1 ~ 2] 소수를 올림하여 보세요.

1 4.53을 올림하여 소수 첫째 자리까지 나타내면 얼마인지 써 보세요.

( )

2 2.678을 올림하여 소수 둘째 자리까지 나타내면 얼마인지 써 보세요.

( )

[3 ~ 4] 소수를 버림하여 보세요.

3 7.26을 버림하여 소수 첫째 자리까지 나타내면 얼마인지 써 보세요.

( )

4 5.629를 버림하여 소수 둘째 자리까지 나타내면 얼마인지 써 보세요.

( )

[5 ~ 7] 소수를 반올림하여 보세요.

5 3.64를 반올림하여 소수 첫째 자리까지 나타내면 얼마인지 써 보세요.

( )

6 1.536을 반올림하여 소수 첫째 자리까지 나타내면 얼마인지 써 보세요.

( )

7 4.725를 반올림하여 소수 둘째 자리까지 나타내면 얼마인지 써 보세요.

( )

1 올림하여 백의 자리까지 나타내면 7200이 되는 수를 모두 찾아 ◯표 하세요.

| 7105 | 7162 | 7200 | 7207 | 7243 |

2 버림하여 백의 자리까지 나타내면 2400이 되는 수를 모두 찾아 ◯표 하세요.

| 2376 | 2398 | 2403 | 2467 | 2500 |

3 반올림하여 천의 자리까지 나타내면 3000이 되는 수를 모두 찾아 ◯표 하세요.

| 2487 | 2500 | 2714 | 3189 | 3624 |

4 보트 한 대에 10명씩 탈 수 있다고 합니다. 76명이 모두 보트에 타려면 보트는 최소 몇 대가 필요한가요?

(   )

5 저금통에 모은 동전이 모두 25620원입니다. 이 동전을 1000원짜리 지폐로 바꾼다면 최대 얼마까지 바꿀 수 있나요?

(   )

01 다음 수 중에서 20 이상인 수는 어느 것인가요? ·······················( )

① 19.9 ② 11 ③ 20.1
④ 5 ⑤ $19\frac{1}{8}$

02 15 이상인 수는 모두 몇 개인가요?

| 16.4 | 13.4 | 18 | 17.7 | 14.9 |
| 17.5 | 15 | 13.9 | 11.1 | 12.14 |

( )

[3 ~ 4] 예리네 모둠의 수학 점수를 조사한 표입니다. 물음에 답하세요.

예리네 모둠의 수학 점수

이름	점수(점)	이름	점수(점)	이름	점수(점)
예리	69	혜정	85	병수	91
연선	78	소현	94	미지	89
경구	88	희진	77	주리	82

03 수학 점수가 90점 이상인 학생을 모두 찾아 써 보세요.

( )

04 수학 점수가 80점 이하인 학생은 모두 몇 명인가요?

( )

[5 ~ 6] 주차장의 요금표와 차량의 주차 시간을 나타낸 표입니다. 물음에 답하세요.

주차 요금표

시간	요금
30분 이하	1000원
30분 초과 1시간 이하	2000원
1시간 초과 2시간 이하	3000원
2시간 초과 3시간 이하	4000원
3시간 초과	5000원

차량의 주차 시간

차량	㉮	㉯	㉰	㉱	㉲
시간(분)	31	45	125	70	53

05 ㉱ 차량의 주차 요금은 얼마인가요?

( )

06 주차 요금이 3000원 이상인 차량을 모두 찾아 써 보세요.

( )

07 25 초과인 수를 수직선에 나타내어 보세요.

19 20 21 22 23 24 25 26 27 28 29

08 정원이 38명인 버스에 44명이 탔습니다. 정원을 초과한 사람은 몇 명인가요?

(　　　　　)

09 어느 동물원에 7살 미만인 어린이는 무료로 입장할 수 있다고 합니다. 다음 중에서 무료로 입장할 수 있는 사람은 누구인가요? ······························(　　)

① 민정: 6살　　② 건태: 7살
③ 아름: 8살　　④ 준희: 9살
⑤ 준경: 10살

10 재은이네 모둠의 수학 점수를 조사한 표입니다. 수학 점수가 60점 이상 70점 미만인 학생은 모두 몇 명인가요?

재은이네 모둠의 수학 점수

이름	재은	지원	규리	민정	광수	이선
점수(점)	54	67	90	88	70	60

(　　　　　)

11 21 초과 29 미만인 자연수를 모두 써 보세요.

(　　　　　　　　　　　　)

12 수직선에 나타내어 보세요.

8 초과 13 이하인 수

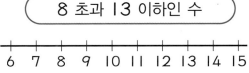

13 다음 두 조건에서 공통된 수의 범위를 수직선에 나타내어 보세요.

• 24 이상인 수
• 30보다 작은 수

14 31 이상 50 미만인 자연수 중에서 가장 큰 수와 가장 작은 수의 합을 구해 보세요.

( )

15 수직선에 나타낸 수의 범위에 속하고 53 초과인 자연수를 모두 구해 보세요.

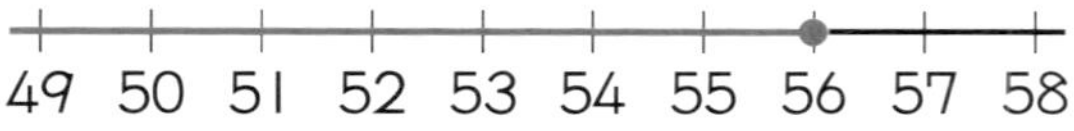

49 50 51 52 53 54 55 56 57 58

( )

16 올림하여 십의 자리까지 나타낼 때, 700 이 되는 수는 어느 것인가요? ····( )

① 676 ② 709 ③ 701
④ 690 ⑤ 692

서술형

17 올림하여 백의 자리까지 나타내었을 때, 2400이 되는 수는 모두 몇 개인지 풀이 과정을 쓰고 답을 구해 보세요.

| 2430 | 2248 | 2375 |
| 2416 | 2317 | 2154 |

풀이 과정

답

1 단원

18 다음 수 카드를 한 번씩만 사용하여 만들 수 있는 가장 큰 여섯 자리 수를 올림하여 천의 자리까지 나타내어 보세요.

0 2 5 8 9 3

( )

19 다음 수를 버림하여 천의 자리까지 나타내어 보세요.

198390

( )

20 다음 수를 버림하여 만의 자리까지 나타내어 보세요.

> 66024

( )

21 다음 수를 반올림하여 천의 자리까지 나타내어 보세요.

> 85436

( )

22 반올림하여 십의 자리까지 나타내었을 때 100이 되는 수를 모두 고르세요. ·········· ·····································( )

① 110   ② 107   ③ 104
④ 105   ⑤ 100

23 수직선에 나타낸 수의 범위를 써 보세요.

9 10 11 12 13 14 15 16 17 18 19 20

( )

24 6세 미만 어린이와 65세 이상 노인은 지하철을 무료로 이용할 수 있다고 합니다. 요금을 내고 지하철을 이용해야 하는 사람들의 나이의 범위는 몇 세 이상 몇 세 미만인가요?

( )

25 버림하여 십의 자리까지 나타내었을 때, 1280이 되는 자연수 중에서 가장 큰 수를 써 보세요.

( )

② 분수의 곱셈

❶ (분수)×(자연수) 알아보기
❷ (자연수)×(분수) 알아보기
❸ 진분수의 곱셈 알아보기
❹ 여러 가지 분수의 곱셈 알아보기

① (분수)×(자연수) 알아보기

★ $\dfrac{5}{8}\times 3$의 계산

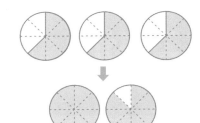

$$\dfrac{5}{8}\times 3=\dfrac{5}{8}+\dfrac{5}{8}+\dfrac{5}{8}$$
$$=\dfrac{5\times 3}{8}=\dfrac{15}{8}=1\dfrac{7}{8}$$

$$\dfrac{\blacktriangle}{\blacksquare}\times\bullet=\dfrac{\blacktriangle\times\bullet}{\blacksquare}$$

★ $1\dfrac{1}{2}\times 3$의 계산 방법

• 대분수를 (자연수)+(진분수)로 바꾸어 계산하기

$$1\dfrac{1}{2}\times 3=(1+1+1)\times\left(\dfrac{1}{2}+\dfrac{1}{2}+\dfrac{1}{2}\right)$$
$$1+\dfrac{1}{2}\quad=(1\times 3)+\left(\dfrac{1}{2}\times 3\right)$$
$$=3+\dfrac{3}{2}=3+1\dfrac{1}{2}=4\dfrac{1}{2}$$

• 대분수를 가분수로 바꾸어 계산하기

$$1\dfrac{1}{2}\times 3=\dfrac{3}{2}\times 3=\dfrac{3\times 3}{2}=\dfrac{9}{2}=4\dfrac{1}{2}$$

1 그림을 보고 ☐ 안에 알맞은 수를 써넣으세요.

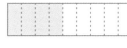 

$\dfrac{4}{9}\times 5$는 $\dfrac{4}{9}$를 ☐번 더하는 것과 같습니다.

$$\dfrac{4}{9}\times 5=\dfrac{4}{9}+\dfrac{4}{9}+\dfrac{4}{9}+\dfrac{4}{9}+\dfrac{4}{9}$$
$$=\dfrac{\boxed{}\times\boxed{}}{9}$$
$$=\dfrac{\boxed{}}{9}=\boxed{}$$

[2 ~ 4] ☐ 안에 알맞은 수를 써넣으세요.

2 $\dfrac{7}{9}\times 4=\dfrac{\boxed{}\times\boxed{}}{9}=\dfrac{\boxed{}}{9}=\boxed{}$

3 $\dfrac{5}{8}\times 6=\dfrac{5\times\boxed{}}{8}=\dfrac{30}{\boxed{}}=\dfrac{\boxed{}}{4}=\boxed{}$

4 $\dfrac{4}{15}\times\overset{\boxed{}}{\underset{\boxed{}}{10}}=\dfrac{\boxed{}\times\boxed{}}{3}=\dfrac{\boxed{}}{3}=\boxed{}$

문제가 쉽다

✿ 정답 8쪽

1 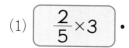 와 같이 계산해 보세요.

보기

$$\frac{3}{\overset{}{\underset{2}{10}}} \times \overset{3}{15} = \frac{3 \times 3}{2} = \frac{9}{2} = 4\frac{1}{2}$$

(1) $\frac{3}{8} \times 6$ _____

(2) $\frac{5}{14} \times 4$ _____

2 □ 안에 알맞은 수를 써넣으세요.

(1) $2\frac{3}{4} \times 3 = (2 \times 3) + \left(\boxed{} \times 3\right)$

$= \boxed{} + \frac{\boxed{}}{4} = \boxed{} + \boxed{}$

$= \boxed{}$

(2) $1\frac{3}{7} \times 2 = \frac{\boxed{}}{7} \times 2$

$= \frac{\boxed{}}{7} = \boxed{}$

3 계산해 보세요.

(1) $\frac{4}{9} \times 15 = \boxed{}$

(2) $3\frac{1}{6} \times 4 = \boxed{}$

4 관계있는 것끼리 이어 보세요.

(1) $\boxed{\frac{2}{5} \times 3}$ ·   · ㉠ $\boxed{1\frac{4}{5}}$

(2) $\boxed{\frac{5}{12} \times 6}$ ·   · ㉡ $\boxed{2\frac{1}{2}}$

(3) $\boxed{\frac{9}{50} \times 10}$ ·   · ㉢ $\boxed{1\frac{1}{5}}$

5 빈칸에 두 수의 곱을 써넣으세요.

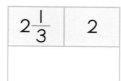

$2\frac{1}{3}$	2

6 주스가 $\frac{9}{20}$ L씩 들어 있는 통이 6개 있습니다. 주스는 모두 몇 L인가요?

(   )

7 어머니께서 한 통에 $1\frac{4}{5}$ L짜리 식용유를 3통 선물 받으셨습니다. 선물 받은 식용유는 모두 몇 L인가요?

(   )

❷ (자연수)×(분수) 알아보기

★ $8 \times \dfrac{3}{4}$의 계산

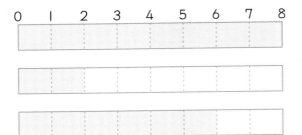

0 1 2 3 4 5 6 7 8

- 8의 $\dfrac{1}{4}$배 ➡ $8 \times \dfrac{1}{4} = 2$

- 8의 $\dfrac{3}{4}$배 ➡ $8 \times \dfrac{3}{4} = 6$

- $8 \times \dfrac{3}{4}$은 $8 \times \dfrac{1}{4}$의 3배이므로

  $8 \times \dfrac{3}{4} = 8 \times \dfrac{1}{4} \times 3$입니다.

★ $6 \times 2\dfrac{5}{9}$를 여러 가지 방법으로 계산하기

- 대분수를 (자연수)+(진분수)로 고쳐서 계산하기

$$6 \times 2\dfrac{5}{9} = (6 \times 2) + \left(\overset{2}{6} \times \dfrac{5}{\underset{3}{9}}\right)$$
$$= 12 + \dfrac{10}{3} = 12 + 3\dfrac{1}{3} = 15\dfrac{1}{3}$$

- 대분수를 가분수로 고쳐서 계산하기

$$6 \times 2\dfrac{5}{9} = \overset{2}{6} \times \dfrac{23}{\underset{3}{9}} = \dfrac{46}{3} = 15\dfrac{1}{3}$$

★ **(자연수)×(대분수)와 (자연수)의 크기 비교**

- 곱하는 수가 1보다 크면 그 곱은 곱해지는 수보다 커집니다.

1 $21 \times \dfrac{9}{14}$를 여러 가지 방법으로 계산하려고 합니다. □ 안에 알맞은 수를 써넣으세요.

(1) $21 \times \dfrac{9}{14} = \dfrac{\boxed{} \times 9}{14} = \dfrac{\boxed{}}{\underset{2}{14}}$

$= \dfrac{\boxed{}}{2} = \boxed{}$

(2) $21 \times \dfrac{9}{14} = \dfrac{21 \times 9}{\underset{2}{14}} = \dfrac{\boxed{}}{2} = \boxed{}$

(3) $\overset{\boxed{}}{21} \times \dfrac{9}{\underset{2}{14}} = \dfrac{\boxed{}}{2} = \boxed{}$

2 $8 \times 3\dfrac{3}{4}$을 여러 가지 방법으로 계산하려고 합니다. □ 안에 알맞은 수를 써넣으세요.

(1) $8 \times 3\dfrac{3}{4} = (8 \times 3) + \left(8 \times \boxed{}\right)$

$= 24 + \boxed{}$

$= \boxed{}$

(2) $8 \times 3\dfrac{3}{4} = \overset{\boxed{}}{8} \times \dfrac{\boxed{}}{\underset{1}{4}}$

$= \boxed{}$

문제가 쉽다

❀정답 8쪽

1 수직선을 보고 □ 안에 알맞은 수를 써넣으세요.

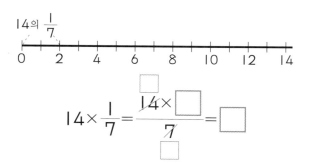

14의 $\frac{1}{7}$

$$14 \times \frac{1}{7} = \frac{14 \times \boxed{}}{7} = \boxed{}$$

2 □ 안에 알맞은 수를 써넣으세요.

(1) $12 \times \frac{3}{8} = \frac{\overset{\boxed{}}{12 \times 3}}{\underset{\boxed{}}{8}} = \frac{\boxed{}}{2} = \boxed{}$

(2) $28 \times \frac{3}{7} = \boxed{} \times 3 = \boxed{}$

3 보기 와 같이 계산해 보세요.

> 보기
>
> $$4 \times 2\frac{3}{8} = (4 \times 2) + \left(4 \times \frac{3}{8}\right)$$
> $$= 8 + \frac{3}{2} = 8 + 1\frac{1}{2} = 9\frac{1}{2}$$

$6 \times 1\frac{4}{9}$

_____

_____

4 계산해 보세요.

(1) $4 \times \frac{6}{7}$

(2) $12 \times 3\frac{5}{8}$

5 빈칸에 알맞은 수를 써넣으세요.

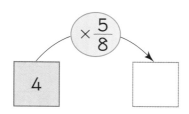

6 계산 결과가 더 큰 것의 기호를 써 보세요.

$$\text{㉠ } 7 \times 2\frac{3}{8} \qquad \text{㉡ } 12 \times 1\frac{5}{12}$$

(   )

7 나영이는 집에서 4 km 떨어진 할아버지 댁에 갔습니다. 전체 거리의 $\frac{5}{7}$는 승용차를 타고 가고 나머지는 걸어갔다면 걸어간 거리는 몇 km인가요?

(   )

2 단원

❸ 진분수의 곱셈 알아보기

★ $\dfrac{1}{3} \times \dfrac{1}{2}$의 계산

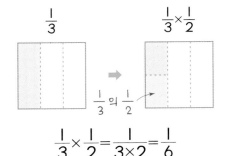

$$\dfrac{1}{3} \times \dfrac{1}{2} = \dfrac{1}{3 \times 2} = \dfrac{1}{6}$$

단위분수끼리의 곱은 분자는 그대로 1이 되고, 분모는 분모끼리의 곱으로 나타냅니다.

$$\dfrac{1}{■} \times \dfrac{1}{●} = \dfrac{1}{■ \times ●}$$

★ $\dfrac{2}{3} \times \dfrac{4}{5}$의 계산

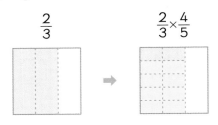

$$\dfrac{2}{3} \times \dfrac{4}{5} = \dfrac{2 \times 4}{3 \times 5} = \dfrac{8}{15}$$

(진분수)×(진분수)의 계산은 분자는 분자끼리, 분모는 분모끼리 곱합니다.

$$\dfrac{▲}{■} \times \dfrac{★}{●} = \dfrac{▲ \times ★}{■ \times ●}$$

1 $\dfrac{1}{4} \times \dfrac{1}{2}$의 곱을 구하려고 합니다. 수직선을 보고 ☐ 안에 알맞은 수를 써넣으세요.

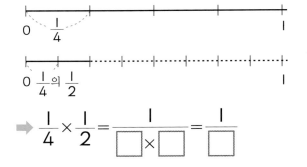

$$\Rightarrow \dfrac{1}{4} \times \dfrac{1}{2} = \dfrac{1}{☐ \times ☐} = \dfrac{1}{☐}$$

2 ☐ 안에 알맞은 수를 써넣으세요.

$$\dfrac{1}{4} \times \dfrac{1}{7} = \dfrac{1}{☐ \times ☐} = \dfrac{1}{☐}$$

3 $\dfrac{5}{6} \times \dfrac{2}{7}$를 여러 가지 방법으로 계산하려고 합니다. ☐ 안에 알맞은 수를 써넣으세요.

(1) $\dfrac{5}{6} \times \dfrac{2}{7} = \dfrac{5 \times 2}{6 \times 7} = \dfrac{\overset{☐}{10}}{\underset{☐}{42}} = ☐$

(2) $\dfrac{5}{6} \times \dfrac{2}{7} = \dfrac{5 \times 2}{6 \times 7} = ☐$

(3) $\dfrac{5}{\underset{3}{6}} \times \dfrac{2}{7} = ☐$

문제가 쉽다

✿ 정답 9쪽

1 그림을 보고 □ 안에 알맞은 수를 써넣으세요.

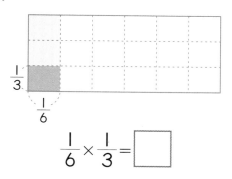

$$\frac{1}{6} \times \frac{1}{3} = \boxed{}$$

2 계산해 보세요.

(1) $\dfrac{1}{12} \times \dfrac{1}{4} = \boxed{}$

(2) $\dfrac{1}{8} \times \dfrac{1}{5} = \boxed{}$

3 계산해 보세요.

(1) $\dfrac{3}{4} \times \dfrac{5}{9} = \boxed{}$

(2) $\dfrac{12}{25} \times \dfrac{5}{16} = \boxed{}$

4 □ 안에 알맞은 수를 써넣으세요.

$$\frac{5}{9} \rightarrow \boxed{\times \frac{4}{5}} \rightarrow \boxed{}$$

5 계산 결과를 비교하여 ○ 안에 >, =, <를 알맞게 써넣으세요.

(1) $\dfrac{2}{13} \times \dfrac{1}{5}\ \bigcirc\ \dfrac{3}{5} \times \dfrac{5}{9}$

(2) $1\ \bigcirc\ \dfrac{4}{9} \times \dfrac{2}{9}$

6 어느 밭의 $\dfrac{1}{3}$에는 채소를 심고, 채소를 심은 곳의 $\dfrac{1}{7}$에는 상추를 심었습니다. 상추를 심은 곳의 넓이는 전체 밭의 몇 분의 몇인가요?

(   )

7 철사 $\dfrac{8}{9}$ m 중에서 $\dfrac{3}{4}$을 가지고 사람 모양을 만들었습니다. 사람 모양을 만드는 데 사용한 철사는 몇 m인가요?

(   )

4 여러 가지 분수의 곱셈 알아보기

★ $2\dfrac{1}{5} \times 1\dfrac{3}{5}$의 계산

- 대분수를 가분수로 바꾸어 계산하기

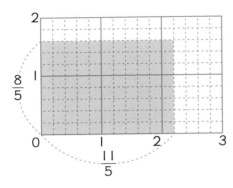

$$2\dfrac{1}{5} \times 1\dfrac{3}{5} = \dfrac{11}{5} \times \dfrac{8}{5} = \dfrac{88}{25} = 3\dfrac{13}{25}$$

➡ 대분수는 가분수로 바꾸어서 분모는 분모끼리, 분자는 분자끼리 곱합니다.

- 자연수 부분과 진분수 부분으로 나누어 계산하기

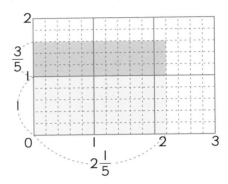

$$2\dfrac{1}{5} \times 1\dfrac{3}{5} = \left(2\dfrac{1}{5} \times 1\right) + \left(2\dfrac{1}{5} \times \dfrac{3}{5}\right)$$
$$= 2\dfrac{1}{5} + \dfrac{11}{5} \times \dfrac{3}{5}$$
$$= 2\dfrac{1}{5} + 1\dfrac{8}{25} = 3\dfrac{13}{25}$$

---

1 그림을 보고 □ 안에 알맞은 수를 써넣으세요.

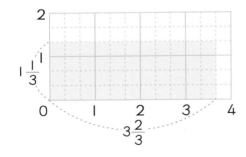

$$3\dfrac{2}{3} \times 1\dfrac{1}{3} = \dfrac{\boxed{}}{3} \times \dfrac{\boxed{}}{3}$$
$$= \dfrac{\boxed{}}{9} = \boxed{}$$

[2~3] 대분수를 가분수로 고쳐서 계산하려고 합니다. □ 안에 알맞은 수를 써넣으세요.

2 $3\dfrac{1}{2} \times 1\dfrac{4}{5} = \dfrac{\boxed{}}{2} \times \dfrac{\boxed{}}{5}$
$$= \dfrac{\boxed{}}{10} = \boxed{}$$

3 $2\dfrac{5}{8} \times 3\dfrac{2}{3} = \dfrac{\boxed{}}{8} \times \dfrac{\boxed{}}{3}$
$$= \dfrac{\boxed{}}{8} = \boxed{}$$

문제가 쉽다

✿ 정답 9쪽

1 그림을 보고 □ 안에 알맞은 수를 써넣으세요.

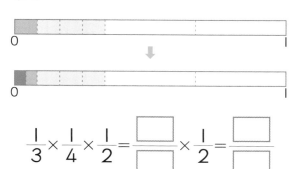

$$\frac{1}{3} \times \frac{1}{4} \times \frac{1}{2} = \frac{\boxed{}}{\boxed{}} \times \frac{1}{2} = \frac{\boxed{}}{\boxed{}}$$

2 보기 와 같이 계산해 보세요.

보기

$$3\frac{3}{4} \times 2\frac{1}{6} = \frac{\overset{5}{15}}{4} \times \frac{13}{\underset{2}{6}} = \frac{65}{8} = 8\frac{1}{8}$$

$$4\frac{4}{5} \times 2\frac{2}{9} \underline{\hspace{5cm}}$$

3 계산해 보세요.

(1) $2\frac{1}{3} \times 3\frac{3}{4}$

(2) $1\frac{3}{8} \times 2\frac{5}{11}$

(3) $\frac{2}{7} \times \frac{3}{5} \times \frac{3}{4}$

4 빈칸에 알맞은 수를 써넣으세요.

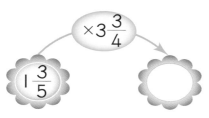

5 계산 결과가 더 큰 것의 기호를 써 보세요.

$$\bigcirc 2\frac{3}{4} \times 2\frac{4}{5} \qquad \bigcirc 3\frac{1}{6} \times 1\frac{2}{3}$$

( )

6 수정이의 가방 무게는 $3\frac{7}{8}$ kg이고, 형수의 가방 무게는 수정이의 가방 무게의 $1\frac{1}{2}$배 입니다. 형수의 가방 무게는 몇 kg인가요?

( )

7 승현이네 반 학생은 모두 36명이고 이 중 남학생은 전체 학생의 $\frac{5}{9}$입니다. 남학생 중 안경을 쓴 학생은 남학생의 $\frac{1}{4}$이라면 안경을 쓴 남학생은 몇 명인가요?

( )

2단계 계산이 쉽다

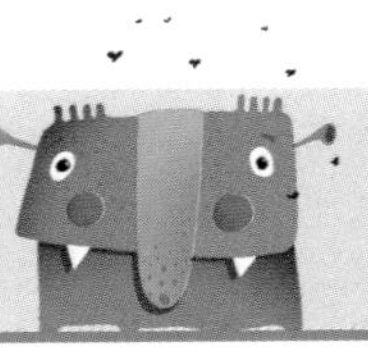

(진분수)×(자연수)

[1 ~ 8] 계산해 보세요.

1 $\frac{3}{5}\times3$

(　　　　　　)

2 $\frac{2}{7}\times8$

(　　　　　　)

3 $\frac{4}{9}\times7$

(　　　　　　)

4 $\frac{7}{12}\times6$

(　　　　　　)

5 $\frac{7}{10}\times15$

(　　　　　　)

6 $\frac{5}{18}\times24$

(　　　　　　)

7 $\frac{11}{16}\times20$

(　　　　　　)

8 $\frac{17}{32}\times12$

(　　　　　　)

9 과학 시간에 비커 1개에 $\frac{3}{5}$ L씩 알코올을 따랐습니다. 비커 6개에 따른 알코올은 모두 몇 L인가요?

(　　　　　　)

🌸 정답 10쪽

[1 ~ 8] 계산해 보세요.

1 $1\frac{3}{5}\times6$

( )

2 $2\frac{2}{7}\times4$

( )

3 $1\frac{3}{4}\times6$

( )

4 $1\frac{4}{9}\times21$

( )

5 $2\frac{1}{3}\times6$

( )

6 $5\frac{5}{6}\times3$

( )

7 $3\frac{9}{16}\times4$

( )

8 $2\frac{17}{28}\times21$

( )

[9 ~ 10] 직사각형의 넓이를 구해 보세요.

9

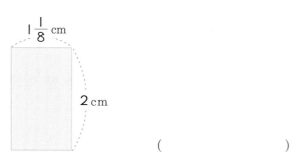

$1\frac{1}{8}$ cm

2 cm

( )

10

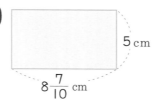

5 cm

$8\frac{7}{10}$ cm

( )

[1 ~ 8] 계산해 보세요.

1 $15 \times \dfrac{3}{10}$

( )

2 $20 \times \dfrac{5}{8}$

( )

3 $18 \times \dfrac{5}{12}$

( )

4 $24 \times \dfrac{7}{16}$

( )

5 $34 \times \dfrac{1}{6}$

( )

6 $24 \times \dfrac{5}{8}$

( )

7 $27 \times \dfrac{8}{21}$

( )

8 $49 \times \dfrac{6}{35}$

( )

9 음악 시간에 상철이네 반 학생 30명 중 $\dfrac{2}{5}$ 의 학생이 피리를 불었습니다. 피리를 분 학생은 몇 명인가요?

( )

[1 ~ 8] 계산해 보세요.

1 $3 \times 1\frac{2}{7}$

(   )

2 $6 \times 2\frac{7}{8}$

(   )

3 $8 \times 2\frac{1}{3}$

(   )

4 $9 \times 3\frac{1}{6}$

(   )

5 $12 \times 2\frac{2}{3}$

(   )

6 $16 \times 2\frac{5}{14}$

(   )

7 $28 \times 4\frac{8}{21}$

(   )

8 $56 \times 1\frac{19}{32}$

(   )

9 1 m의 무게가 4 kg인 철근이 있습니다. 이 철근 $9\frac{1}{2}$ m의 무게는 몇 kg인가요?

(   )

[1 ~ 8] 계산해 보세요.

1 $\dfrac{1}{6} \times \dfrac{1}{5}$

( )

2 $\dfrac{1}{4} \times \dfrac{1}{7}$

( )

3 $\dfrac{1}{8} \times \dfrac{1}{9}$

( )

4 $\dfrac{1}{5} \times \dfrac{1}{12}$

( )

5 $\dfrac{5}{9} \times \dfrac{3}{7}$

( )

6 $\dfrac{4}{7} \times \dfrac{5}{12}$

( )

7 $\dfrac{8}{15} \times \dfrac{5}{16}$

( )

8 $\dfrac{5}{6} \times \dfrac{12}{25}$

( )

9 우유 $\dfrac{9}{10}$L가 있습니다. 그중에서 $\dfrac{2}{3}$를 마셨다면 마신 우유는 몇 L인가요?

( )

정답 11쪽

[1 ~ 2] □ 안에 알맞은 수를 써넣으세요.

1 $2\dfrac{3}{4} \times 1\dfrac{2}{5} = \dfrac{\boxed{}}{4} \times \dfrac{\boxed{}}{5}$

$= \dfrac{\boxed{}}{20} = \boxed{}$

2 $2\dfrac{1}{3} \times 1\dfrac{2}{3} = \dfrac{\boxed{}}{3} \times \dfrac{\boxed{}}{3}$

$= \dfrac{\boxed{}}{9} = \boxed{}$

[3 ~ 6] 계산해 보세요.

3 $1\dfrac{3}{5} \times 3\dfrac{2}{5}$

(   )

4 $3\dfrac{5}{9} \times 1\dfrac{7}{8}$

(   )

5 $1\dfrac{1}{2} \times 2\dfrac{2}{3}$

(   )

6 $3\dfrac{3}{8} \times 2\dfrac{1}{3}$

(   )

[7 ~ 8] 직사각형의 넓이를 구해 보세요.

7
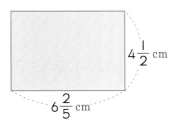
$4\dfrac{1}{2}$ cm

$6\dfrac{2}{5}$ cm

(   )

8
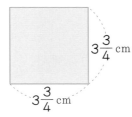
$3\dfrac{3}{4}$ cm

$3\dfrac{3}{4}$ cm

(   )

[1 ~ 8] 계산해 보세요.

1 $\dfrac{1}{2} \times \dfrac{3}{4} \times \dfrac{5}{6}$

(   )

2 $\dfrac{1}{3} \times \dfrac{3}{5} \times \dfrac{7}{12}$

(   )

3 $\dfrac{5}{8} \times \dfrac{4}{5} \times \dfrac{5}{9}$

(   )

4 $\dfrac{4}{7} \times \dfrac{7}{12} \times \dfrac{5}{6}$

(   )

5 $\dfrac{2}{5} \times 1\dfrac{5}{8} \times \dfrac{1}{9}$

(   )

6 $\dfrac{1}{4} \times \dfrac{2}{3} \times 1\dfrac{1}{2}$

(   )

7 $\dfrac{11}{12} \times 1\dfrac{1}{3} \times 24$

(   )

8 $3\dfrac{2}{5} \times 2\dfrac{1}{7} \times \dfrac{3}{34}$

(   )

9 우유가 $\dfrac{8}{9}$ L 있습니다. 그중에서 $\dfrac{3}{4}$ 을 컵에 따르고, 컵에 따른 우유의 $\dfrac{1}{2}$ 을 마셨다면 마신 우유는 몇 L인가요?

(   )

01 □ 안에 알맞은 수를 써넣으세요.

$$\frac{3}{5} \times 4 = \frac{3}{5} + \frac{3}{5} + \frac{3}{5} + \frac{3}{5}$$

$$= \frac{3 \times \boxed{}}{5} = \frac{\boxed{}}{5}$$

$$= \boxed{}$$

02 계산해 보세요.

(1) $\frac{3}{5} \times 3$

(2) $\frac{2}{9} \times 8$

03 빈칸에 알맞은 수를 써넣으세요.

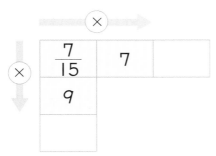

04 계산 결과가 가장 작은 것을 찾아 기호를 써 보세요.

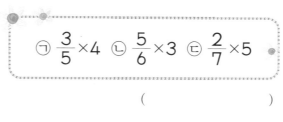

㉠ $\frac{3}{5} \times 4$ ㉡ $\frac{5}{6} \times 3$ ㉢ $\frac{2}{7} \times 5$

(   )

05 공원 한 바퀴의 거리는 $\frac{3}{4}$ km입니다. 공원을 5바퀴 돌았다면 모두 몇 km를 돌았나요?

(   )

06 ㉮와 ㉯의 차를 구해 보세요.

㉮ $2\frac{3}{8} \times 4$ ㉯ $\frac{3}{10} \times 7$

(   )

07 ○ 안에 >, =, <를 알맞게 써넣으세요.

$$3\frac{2}{5} \times 2 \bigcirc 3\frac{2}{5}$$

2 단원

08 계산을 <u>잘못한</u> 사람의 이름을 쓰고 바르게 계산한 값을 구해 보세요.

> 지현: $2\dfrac{5}{6} \times 4 = 11\dfrac{1}{3}$
>
> 유진: $4\dfrac{1}{6} \times 9 = 13\dfrac{1}{2}$

(,   )

09 ☐ 안에 알맞은 수를 써넣으세요.

$$25 \times \frac{3}{10} = \frac{25 \times \boxed{}}{10} = \frac{\boxed{}}{\underset{2}{10}}$$

$$= \frac{\boxed{}}{2} = \boxed{}$$

10 다음 중 계산이 <u>잘못된</u> 것은 어느 것인가요? ··························(   )

① $6 \times \dfrac{1}{4} = 1\dfrac{1}{2}$ ② $8 \times \dfrac{5}{12} = 3\dfrac{1}{3}$

③ $6 \times \dfrac{5}{8} = 6\dfrac{5}{8}$ ④ $28 \times \dfrac{3}{10} = 8\dfrac{2}{5}$

⑤ $25 \times \dfrac{2}{15} = 3\dfrac{1}{3}$

11 빈칸에 알맞은 수를 써넣으세요.

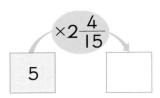

12 계산이 <u>잘못된</u> 곳을 찾아 바르게 계산해 보세요.

$$\overset{5}{20} \times 2\frac{5}{\underset{2}{8}} = 5 \times 2\frac{5}{2}$$

$$= 5 \times \frac{9}{2} = \frac{45}{2} = 22\frac{1}{2}$$

➡ _____

13 다음 중 분수의 계산 결과가 <u>다른</u> 것은 어느 것인가요? ··············(   )

① $15 \times \dfrac{2}{5}$ ② $8 \times \dfrac{3}{4}$

③ $18 \times \dfrac{5}{6}$ ④ $16 \times \dfrac{3}{8}$

⑤ $18 \times \dfrac{1}{3}$

14 가로가 $7\,$cm이고, 세로는 가로의 $1\dfrac{2}{7}$배인 직사각형 모양의 색종이가 있습니다. 이 색종이의 세로는 몇 cm인가요?

(   )

15 계산해 보세요.

(1) $\dfrac{1}{5} \times \dfrac{1}{6}$

(2) $\dfrac{5}{6} \times \dfrac{7}{10}$

16 다음 중 분수의 곱이 가장 작은 것은 어느 것인가요?·················(   )

① $\dfrac{1}{3} \times \dfrac{1}{2}$ ② $\dfrac{1}{4} \times \dfrac{1}{3}$

③ $\dfrac{1}{5} \times \dfrac{1}{4}$ ④ $\dfrac{1}{7} \times \dfrac{1}{5}$

⑤ $\dfrac{1}{8} \times \dfrac{1}{6}$

서술형

17 미수네 집 화단의 $\dfrac{2}{7}$에는 팬지를, 나머지의 $\dfrac{3}{8}$에는 허브를 심었습니다. 허브를 심은 화단의 넓이는 화단 전체 넓이의 얼마인지 풀이 과정을 쓰고 답을 구해 보세요.

풀이 과정

답

18 그림을 보고 ☐ 안에 알맞은 수를 써넣으세요.

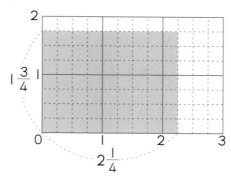

$2\dfrac{1}{4} \times 1\dfrac{3}{4} = \dfrac{\boxed{}}{4} \times \dfrac{\boxed{}}{4} = \dfrac{\boxed{} \times \boxed{}}{4 \times 4}$

$= \dfrac{\boxed{}}{16} = \boxed{}$

19 그림을 보고 ☐ 안에 알맞은 수를 써넣으세요.

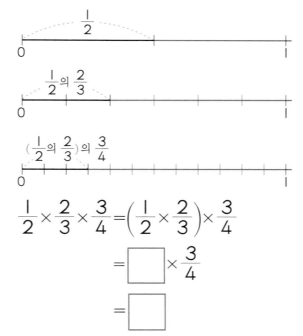

$\dfrac{1}{2} \times \dfrac{2}{3} \times \dfrac{3}{4} = \left(\dfrac{1}{2} \times \dfrac{2}{3} \right) \times \dfrac{3}{4}$

$= \boxed{} \times \dfrac{3}{4}$

$= \boxed{}$

2
단원

20 계산해 보세요.

(1) $\dfrac{3}{4} \times \dfrac{4}{7} \times \dfrac{7}{8}$

(2) $1\dfrac{1}{3} \times 6 \times \dfrac{5}{12}$

21 빈칸에 알맞은 수를 써넣으세요.

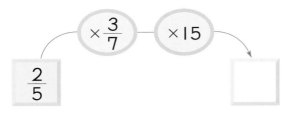

22 직사각형의 넓이는 몇 cm²인가요?

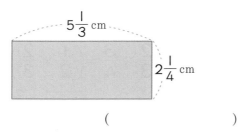

(   )

학교시험 **예상문제**

23 □ 안에 들어갈 수 있는 자연수를 모두 구해 보세요.

$$\dfrac{1}{24} < \dfrac{1}{8} \times \dfrac{1}{\square}$$

(   )

24 영민이는 한 시간에 $4\dfrac{3}{5}$ km를 걷습니다.

같은 빠르기로 2시간 40분 동안 걷는다면 몇 km를 걸을까요?

(   )

25 가로가 $6\dfrac{2}{3}$ cm, 세로가 $5\dfrac{1}{2}$ cm인 직사각형 모양의 도화지에 $\dfrac{4}{5}$ 만큼 빨간색을 칠하였습니다. 빨간색을 칠한 부분의 넓이는 몇 cm²인가요?

(   )

3 합동과 대칭

① 도형의 합동 알아보기
② 합동인 도형의 성질 알아보기
③ 선대칭도형과 그 성질 알아보기
④ 점대칭도형과 그 성질 알아보기

❶ 도형의 합동 알아보기

★ 도형의 합동

색종이 2장을 포개어 놓고 삼각형을 그린 다음, 선을 따라 자르면 두 삼각형은 완전히 겹칩니다.

모양과 크기가 같아서 포개었을 때 완전히 겹치는 두 도형을 서로 합동이라고 합니다.

★ 합동인 도형 만들기

• 직사각형 모양의 색종이를 잘라서 서로 합동인 도형 2개 만들기

• 직사각형 모양의 색종이를 잘라서 서로 합동인 도형 4개 만들기

---

1 그림을 보고 ☐ 안에 알맞은 말이나 기호를 써넣으세요.

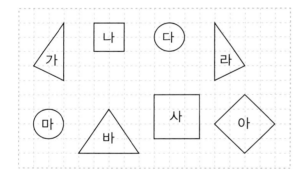

(1) 모양과 크기가 같아서 포개었을 때 완전히 겹치는 두 도형을 서로 ☐ (이)라고 합니다.

(2) 가와 합동인 도형은 ☐ , 다와 합동인 도형은 ☐ 입니다.

[2 ~ 3] 주어진 도형과 포개었을 때 완전히 겹치는 도형을 찾아 기호를 써 보세요.

2

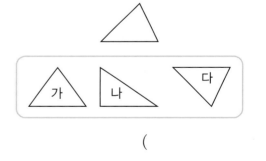

( )

3

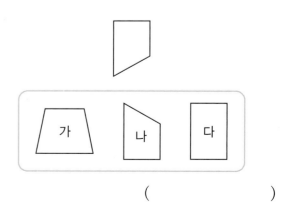

( )

문제가 쉽다

✿ 정답 14쪽

1 오른쪽과 같이 종이 두 장을 포개어 놓고 그림을 오렸을 때 두 그림의 모양과 크기가 똑같습니다. 이러한 두 도형의 관계를 무엇이라고 하는지 써 보세요.

(   )

2 다음 도형과 서로 합동인 도형을 찾아 ◯표 하세요.

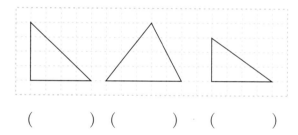

(   ) (   ) (   )

3 오른쪽 도형과 서로 합동인 도형을 모두 찾아 기호를 써 보세요.

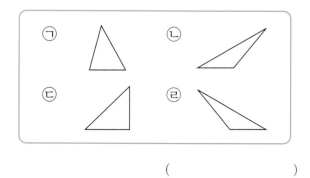

(   )

4 도형을 점선을 따라 잘랐을 때, 잘려진 두 도형이 서로 합동이 되는 것을 모두 찾아 기호를 써 보세요.

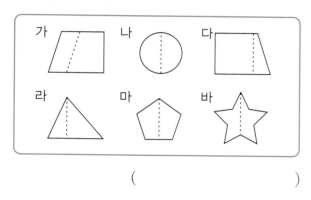

(   )

5 다음 중 서로 합동인 도형을 모두 찾아 기호를 써 보세요.

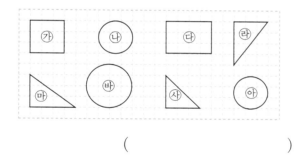

(   )

6 주어진 도형과 서로 합동인 도형을 그려 보세요.

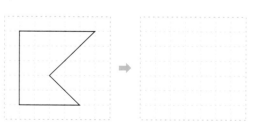

❷ 합동인 도형의 성질 알아보기

★ 대응점, 대응변, 대응각

서로 합동인 두 도형을 포개었을 때 완전히 겹치는 점을 대응점, 겹치는 변을 대응변, 겹치는 각을 대응각이라고 합니다.

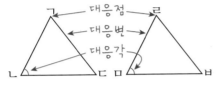

• 대응점: 점 ㄱ과 점 ㄹ, 점 ㄴ과 점 ㅁ, 점 ㄷ과 점 ㅂ
• 대응변: 변 ㄱㄴ과 변 ㄹㅁ, 변 ㄴㄷ과 변 ㅁㅂ, 변 ㄱㄷ과 변 ㄹㅂ
• 대응각: 각 ㄱㄴㄷ과 각 ㄹㅁㅂ, 각 ㄱㄷㄴ과 각 ㄹㅂㅁ, 각 ㄴㄱㄷ과 각 ㅁㄹㅂ

★ 대응변, 대응각의 성질

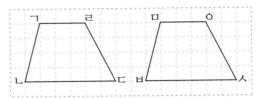

• 합동인 두 도형에서 대응변의 길이는 서로 같습니다.
➡ (변 ㄱㄴ)=(변 ㅁㅂ), (변 ㄴㄷ)=(변 ㅂㅅ), (변 ㄷㄹ)=(변 ㅅㅇ), (변 ㄱㄹ)=(변 ㅁㅇ)

• 합동인 두 도형에서 대응각의 크기는 서로 같습니다.
➡ (각 ㄱㄴㄷ)=(각 ㅁㅂㅅ), (각 ㄴㄷㄹ)=(각 ㅂㅅㅇ), (각 ㄱㄹㄷ)=(각 ㅁㅇㅅ), (각 ㄴㄱㄹ)=(각 ㅂㅁㅇ)

---

1 서로 합동인 두 사각형을 포개었을 때 겹치는 점, 겹치는 변, 겹치는 각을 각각 찾아 써 보세요.

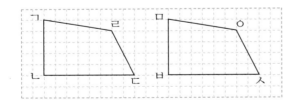

(1) 점 ㄷ과 겹치는 점

( )

(2) 변 ㄱㄴ과 겹치는 변

( )

(3) 각 ㄱㄹㄷ과 겹치는 각

( )

2 두 삼각형은 서로 합동입니다. 물음에 답하세요.

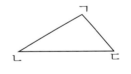 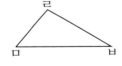

(1) 점 ㄱ의 대응점을 써 보세요.

( )

(2) 변 ㄱㄷ의 대응변을 써 보세요.

( )

(3) 각 ㄱㄴㄷ의 대응각을 써 보세요.

( )

문제가 쉽다

✿ 정답 14쪽

1 두 사각형은 서로 합동입니다. 물음에 답하세요.

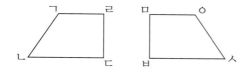

(1) 점 ㄴ의 대응점을 써 보세요.

( )

(2) 변 ㄷㄹ의 대응변을 써 보세요.

( )

(3) 각 ㄴㄱㄹ의 대응각을 써 보세요.

( )

2 두 도형은 서로 합동입니다. 대응점, 대응변, 대응각이 각각 몇 쌍 있는지 써 보세요.

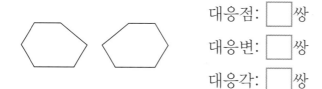

대응점: ☐ 쌍

대응변: ☐ 쌍

대응각: ☐ 쌍

3 두 삼각형은 서로 합동입니다. ☐ 안에 알맞은 기호를 써넣으세요.

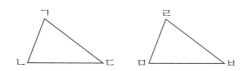

(1) 변 ㄴㄷ과 길이가 같은 변은 변 ☐ 입니다.

(2) 각 ㄱㄷㄴ과 크기가 같은 각은 각 ☐ 입니다.

4 두 삼각형은 서로 합동입니다. 물음에 답하세요.

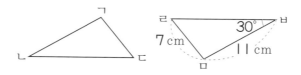

(1) 변 ㄱㄴ은 몇 cm인가요?

( )

(2) 변 ㄱㄷ은 몇 cm인가요?

( )

(3) 각 ㄱㄴㄷ은 몇 도인가요?

( )

5 두 도형은 서로 합동입니다. 물음에 답하세요.

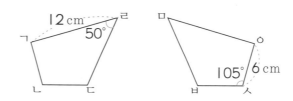

(1) 변 ㄱㄴ은 몇 cm인가요?

( )

(2) 변 ㅇㅁ은 몇 cm인가요?

( )

(3) 각 ㄱㄴㄷ은 몇 도인가요?

( )

(4) 각 ㅇㅁㅂ은 몇 도인가요?

( )

❸ 선대칭도형과 그 성질 알아보기

★ 선대칭도형

• 한 직선을 따라 접었을 때 완전히 겹치는 도형을 선대칭도형이라고 합니다. 이때 그 직선을 대칭축이라고 합니다.

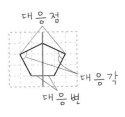

• 대칭축을 따라 접었을 때 겹치는 점을 대응점, 겹치는 변을 대응변, 겹치는 각을 대응각이라고 합니다.

★ 선대칭도형의 성질

• 대응변의 길이와 대응각의 크기가 각각 같습니다.
• 대응점을 이은 선분은 대칭축과 수직으로 만납니다.
• 대칭축은 대응점끼리 이은 선분을 둘로 똑같이 나눕니다.

★ 선대칭도형 그리기

① 점 ㄴ에서 대칭축 ㅁㅂ에 수선을 긋고, 대칭축과 만나는 점을 찾아 점 ㅅ으로 표시합니다.

② 이 수선에 선분 ㄴㅅ과 길이가 같은 선분 ㅇㅅ이 되도록 점 ㄴ의 대응점을 찾아 점 ㅇ으로 표시합니다.

③ 위와 같은 방법으로 점 ㄷ의 대응점을 찾아 점 ㅈ으로 표시합니다.

④ 점 ㄹ과 점 ㅈ, 점 ㅈ과 점 ㅇ, 점 ㅇ과 점 ㄱ을 차례로 이어 선대칭도형이 되도록 그립니다.

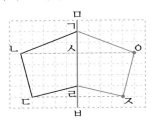

---

1 도형을 보고 물음에 답하세요.

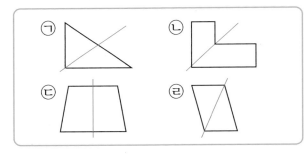

(1) 주어진 직선을 따라 반으로 접었을 때, 완전히 겹치는 도형을 찾아 기호를 써 보세요.

( )

(2) 선대칭도형을 찾아 기호를 써 보세요.

( )

2 선대칭도형이 되도록 그리려고 합니다. ☐ 안에 알맞은 말이나 기호를 써넣으세요.

(1) 점 ㄴ에서 대칭축 ☐ 에 수선을 긋고, 대칭축과 만난 점을 점 ㅂ이라고 합니다.

(2) 이 수선에 선분 ㄴㅂ과 길이가 같도록 점 ㄴ의 ☐ ㅅ을 찍습니다.

(3) 점 ㄷ과 점 ㅅ, 점 ㅅ과 점 ☐ 을 각각 잇습니다.

문제가 쉽다

❀ 정답 15쪽

1 선대칭도형을 모두 찾아 기호를 써 보세요.

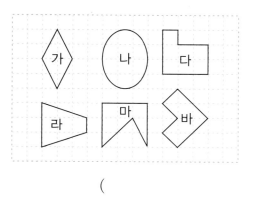

(   )

[2 ~ 4] 선대칭도형을 보고 물음에 답하세요.

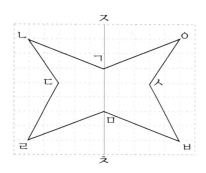

2 대응점을 찾아보세요.

점 ㄴ과 점 ☐ , 점 ㄷ과 점 ☐

3 대응변을 찾아보세요.

변 ㄱㄴ과 변 ☐ , 변 ㄷㄹ과 변 ☐

4 대응각을 찾아보세요.

각 ㄱㄴㄷ과 각 ☐ ,

각 ㄷㄹㅁ과 각 ☐

5 선대칭도형의 대칭축을 모두 그려 보세요.

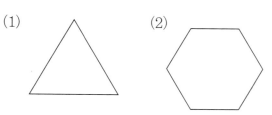

6 선대칭도형을 그리려고 합니다. 대응점을 찾아 표시해 보세요.

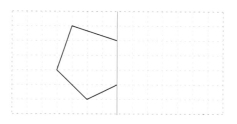

[7 ~ 8] 선대칭도형이 되도록 그림을 완성해 보세요.

7

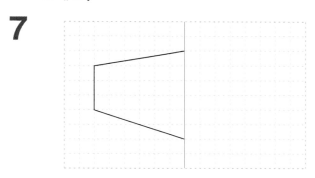

8

❹ 점대칭도형과 그 성질 알아보기

★ **점대칭도형**

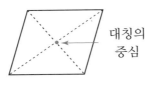

대칭의 중심

• 한 도형을 어떤 점을 중심으로 180° 돌렸을 때 처음 도형과 완전히 겹치면 이 도형을 점대칭도형이라고 합니다. 이때 그 점을 대칭의 중심이라고 합니다.

• 대칭의 중심을 중심으로 180° 돌렸을 때 겹치는 점을 대응점, 겹치는 변을 대응변, 겹치는 각을 대응각이라고 합니다.

★ **점대칭도형의 성질**

• 대응변의 길이와 대응각의 크기는 각각 같습니다.

• 대칭의 중심은 대응점끼리 이은 선분을 둘로 똑같이 나눕니다.

★ **점대칭도형 그리기**

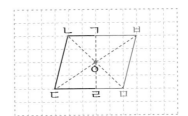

① 점 ㄴ에서 대칭의 중심인 점 ㅇ을 지나는 직선을 긋습니다.

② 이 직선에 선분 ㄴㅇ과 길이가 같은 선분 ㅁㅇ이 되도록 점 ㄴ의 대응점을 찾아 점 ㅁ으로 표시합니다.

③ 위와 같은 방법으로 점 ㄱ과 점 ㄷ의 대응점을 찾아 점 ㄹ과 점 ㅂ으로 표시하고 차례로 이어 점대칭도형이 되도록 그립니다.

1 투명 종이를 대고 본뜬 다음, 점 ㅇ에 핀을 꽂아 돌리려고 합니다. ☐ 안에 알맞은 각도나 말을 써넣으세요.

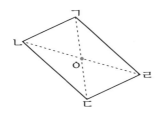

(1) 점 ㅇ을 중심으로 ☐ 돌렸을 때 처음 도형과 완전히 겹칩니다.

(2) 이와 같은 도형을 ☐ (이)라고 합니다.

(3) 이때 점 ㅇ을 ☐ (이)라고 합니다.

2 점대칭도형이 되도록 나머지 부분을 그리려고 합니다. 물음에 답하세요.

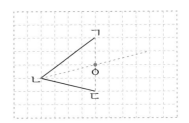

(1) 점 ㄴ의 대응점을 찾아 점 ㄹ로 표시해 보세요.

(2) 점 ㄱ의 대응점을 찾아보세요.

(   )

(3) 점대칭도형을 완성해 보세요.

❀ 정답 15쪽

1 점 ㅇ을 중심으로 180° 돌렸을 때 처음 도형과 완전히 겹치는 도형을 모두 찾아 ○표 하세요.

(   )   (   )   (   )

[2 ~ 5] 점대칭도형을 보고 물음에 답하세요.

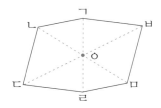

2 대응변을 찾아보세요.

변 ㄱㄴ과 변 ☐

3 대응각을 찾아보세요.

각 ㄴㄷㄹ과 각 ☐

4 알맞은 말에 ○표 하세요.

(1) 대응변의 길이는 서로
        (같습니다 , 다릅니다).

(2) 대응각의 크기는 서로
        (같습니다 , 다릅니다).

5 길이가 같은 선분을 찾아보세요.

선분 ㄱㅇ과 선분 ☐

선분 ㄴㅇ과 선분 ☐

6 점대칭도형을 그리려고 합니다. 대응점을 찾아 표시해 보세요.

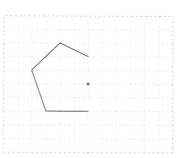

[7 ~ 8] 점대칭도형이 되도록 그림을 완성해 보세요.

7

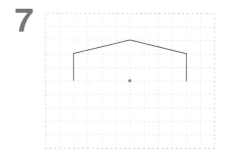

8

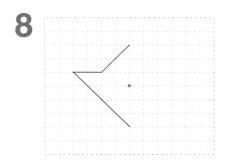

[1 ~ 2] 왼쪽 도형과 서로 합동인 도형을 찾아 기호를 써 보세요.

1

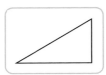

(   )

2

(   )

3 합동인 도형을 모두 찾아 기호를 써 보세요.

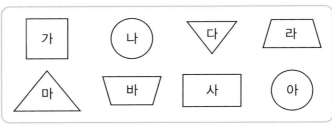

(   )

[4 ~ 5] 주어진 도형과 서로 합동인 도형을 그려 보세요.

4

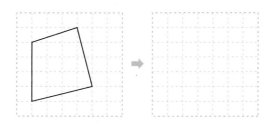

5

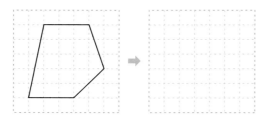

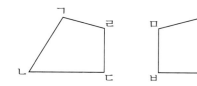
[1 ~ 3] 두 사각형은 서로 합동입니다. 물음에 답하세요.

1 점 ㄹ의 대응점을 찾아 써 보세요.

(   )

2 변 ㄴㄷ의 대응변을 찾아 써 보세요.

(   )

3 각 ㄴㄱㄹ의 대응각을 찾아 써 보세요.

(   )

3
단원

[4 ~ 6] 두 삼각형은 서로 합동입니다. 물음에 답하세요.

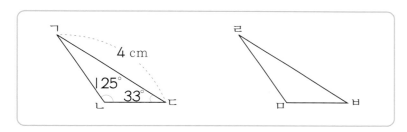

4 변 ㄹㅂ은 몇 cm인가요?

(   )

5 각 ㄹㅁㅂ은 몇 도인가요?

(   )

6 각 ㄹㅂㅁ은 몇 도인가요?

(   )

[1 ~ 4] 선대칭도형을 보고 물음에 답하세요.

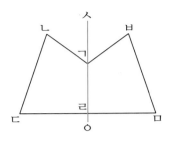

1 대칭축을 찾아 써 보세요.

(   )

2 대응점을 찾아 써 보세요.

(1) 점 ㄴ (   )   (2) 점 ㄷ (   )

3 대응변을 찾아 써 보세요.

(1) 변 ㄱㄴ (   )   (2) 변 ㄴㄷ (   )
(3) 변 ㄷㄹ (   )

4 대응각을 찾아 써 보세요.

(1) 각 ㄱㄴㄷ (   )   (2) 각 ㄴㄷㄹ (   )

[5 ~ 6] 다음은 선대칭도형입니다. 대칭축을 모두 그리고, 그 개수를 써 보세요.

5

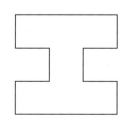

(   )

6

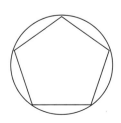

(   )

점대칭도형과 그 성질

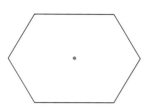

정답 16쪽

1 오른쪽 도형과 같이 어떤 점을 중심으로 180° 돌렸을 때 처음 도형과 완전히 겹치는 도형을 무엇이라고 하나요?

( )

[2 ~ 3] 점대칭도형을 보고 대응점, 대응변, 대응각을 찾아 써 보세요.

2
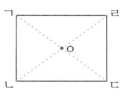

(1) 점 ㄱ ( )
(2) 점 ㄴ ( )
(3) 변 ㄱㄴ ( )
(4) 변 ㄴㄷ ( )
(5) 각 ㄴㄱㄹ ( )
(6) 각 ㄱㄴㄷ ( )

3
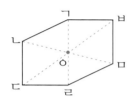

(1) 점 ㄷ ( )
(2) 점 ㄹ ( )
(3) 변 ㄷㄹ ( )
(4) 변 ㄱㄴ ( )
(5) 각 ㄴㄷㄹ ( )
(6) 각 ㄷㄹㅁ ( )

[4 ~ 5] 점대칭도형을 보고 물음에 답하세요.

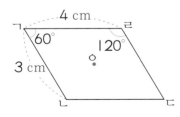

4 변 ㄴㄷ은 몇 cm인가요?

( )

5 각 ㄴㄷㄹ은 몇 도인가요?

( )

[1 ~ 4] 직선 ㄱㄴ을 대칭축으로 하는 선대칭도형이 되도록 그림을 완성해 보세요.

1

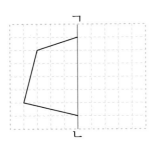

2

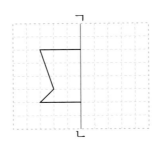

3

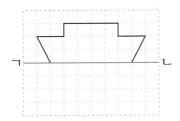

4

[5 ~ 8] 점대칭도형이 되도록 그림을 완성해 보세요.

5

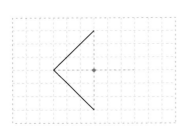

6

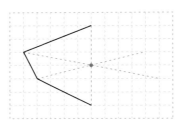

7

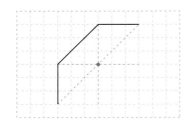

8

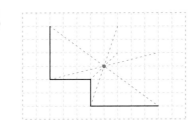

01 다음과 같이 종이 두 장을 포개어 놓고 그림을 오렸을 때 두 그림의 모양과 크기가 똑같습니다. 이러한 두 도형을 무엇이라고 하는지 써 보세요.

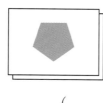

( )

02 보기 의 도형과 합동인 도형을 찾아 기호를 써 보세요.

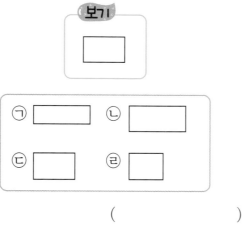

( )

03 주어진 도형과 서로 합동인 도형을 그려 보세요.

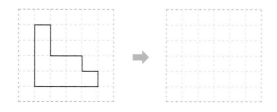

04 도형을 점선을 따라 잘랐을 때 만들어진 도형이 서로 합동인 것을 모두 고르세요.
····················( )

[5 ~ 6] 두 삼각형은 합동입니다. 물음에 답하세요.

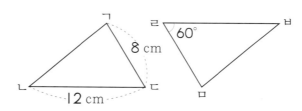

05 변 ㅂㄹ은 몇 cm인가요?

( )

06 각 ㄱㄷㄴ은 몇 도인가요?

( )

07 두 사각형은 서로 합동입니다. 각 ㄴㄱㄹ 은 몇 도인가요?

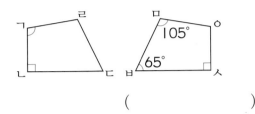

( )

서술형

08 두 사각형은 서로 합동입니다. 사각형 ㅁ ㅂㅅㅇ의 둘레가 21 cm일 때 변 ㄷㄹ은 몇 cm인지 풀이 과정을 쓰고 답을 구해 보세요.

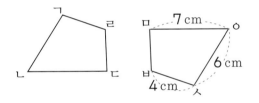

풀이 과정 _____

_____

_____

답 _____

09 선대칭도형을 찾아 기호를 써 보세요.

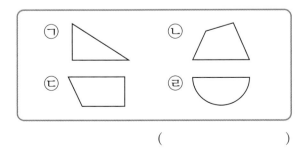

( )

10 선대칭도형의 대칭축은 모두 몇 개인가요?

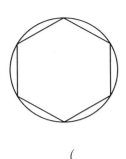

( )

[11 ~ 12] 선대칭도형을 보고 물음에 답하세요.

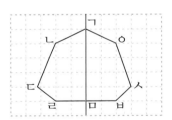

11 점 ㄷ의 대응점을 써 보세요.

( )

12 변 ㅇㅅ의 대응변을 써 보세요.

( )

13 선대칭도형에서 대칭축이 가장 많은 도형을 찾아 기호를 써 보세요.

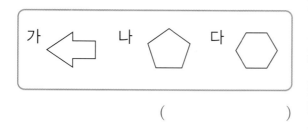

( )

14 선대칭도형에서 각 ㄱㄷㄹ은 몇 도인가요?

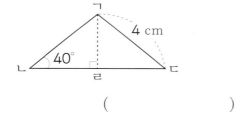

( )

15 선대칭도형이 되도록 그림을 완성해 보세요.

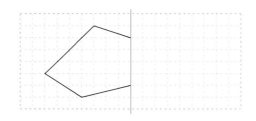

16 선대칭도형에서 선분 ㄴㅅ은 몇 cm인가요?

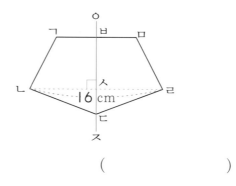

( )

17 점대칭도형이 <u>아닌</u> 것은 어느 것인가요? ·······( )

18 점대칭도형에서 대칭의 중심을 찾아 표시해 보세요.

[19 ~ 20] 점 ㅇ을 대칭의 중심으로 하는 점 대칭도형입니다. 물음에 답하세요.

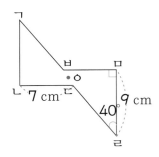

19 변 ㅁㅂ은 몇 cm인가요?

(   )

20 각 ㄴㄱㅂ은 몇 도인가요?

(   )

[21 ~ 22] 점대칭도형이 되도록 그림을 완성해 보세요.

21

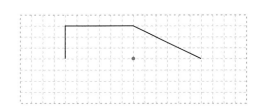

22

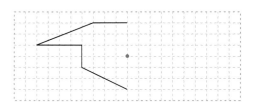

[23 ~ 24] 삼각형 ㄱㄴㄷ과 삼각형 ㄹㅁㄷ은 서로 합동입니다. 물음에 답하세요.

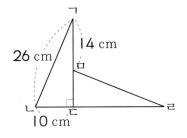

23 변 ㅁㄷ은 몇 cm인가요?

(   )

24 삼각형 ㄹㅁㄷ의 둘레를 구해 보세요.

(   )

25 직선 ㄱㄴ을 대칭축으로 하여 선대칭도형이 되도록 도형을 완성하면 완성된 선대칭도형의 둘레는 몇 cm인가요?

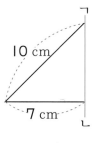

(   )

4 소수의 곱셈

1 (소수)×(자연수)(1)

2 (소수)×(자연수)(2)

3 (자연수)×(소수)(1)

4 (자연수)×(소수)(2)

5 (소수)×(소수)(1)

6 (소수)×(소수)(2)

7 곱의 소수점 위치

1단계 개념이 쉽다

① (소수)×(자연수)⑴

★ 0.6×3의 계산

방법 ① 덧셈식으로 계산하기

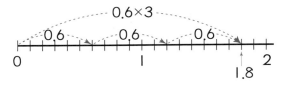

$$0.6 \times 3 = 0.6 + 0.6 + 0.6 = 1.8$$

방법 ② 0.1의 개수로 계산하기

$$0.6 \times 3 = 0.1 \times 6 \times 3$$
$$= 0.1 \times 18$$

0.1이 모두 18개이므로 0.6×3=1.8입니다.

방법 ③ 분수의 곱셈으로 계산하기

$$0.6 \times 3 = \frac{6}{10} \times 3 = \frac{6 \times 3}{10} = \frac{18}{10} = 1.8$$

↜ 소수 한 자리 수는 분모가 10인 분수로 고칩니다.

방법 ④ 자연수의 곱셈으로 계산하기

$$⑥ \times 3 = ⑱$$
$$\frac{1}{10}배 \qquad \frac{1}{10}배$$
$$⓪.⑥ \times 3 = ①.⑧$$

➡ 곱하는 수가 $\frac{1}{10}$배가 되면 계산 결과도 $\frac{1}{10}$배가 됩니다.

---

1 0.3×4를 계산하려고 합니다. ☐ 안에 알맞은 수를 써넣으세요.

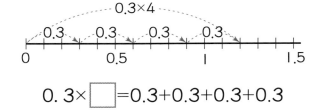

$$0.3 \times \boxed{} = 0.3 + 0.3 + 0.3 + 0.3$$
$$= \boxed{}$$

2 0.4×7을 계산하려고 합니다. ☐ 안에 알맞은 수를 써넣으세요.

(1) $0.4 \times 7 = \dfrac{\boxed{}}{10} \times 7 = \dfrac{\boxed{} \times 7}{10}$

$= \dfrac{\boxed{}}{10} = \boxed{}$

(2)
$$\begin{array}{r} 4 \\ \times\ 7 \\ \hline \boxed{} \end{array} \Rightarrow \begin{array}{r} 0.4 \\ \times\ \ 7 \\ \hline \boxed{} \end{array}$$

3 0.5×3을 여러 가지 방법으로 계산한 것입니다. ☐ 안에 알맞은 수를 써넣으세요.

(1) 덧셈식으로 계산하기

$$0.5 \times 3 = 0.5 + \boxed{} + \boxed{} = \boxed{}$$

(2) 분수의 곱셈으로 계산하기

$$0.5 \times 3 = \dfrac{\boxed{}}{10} \times 3 = \dfrac{5 \times \boxed{}}{10}$$

$$= \dfrac{\boxed{}}{10} = \boxed{}$$

(3) 0.1의 개수로 계산하기

0.5×3은 0.1이 모두 ☐개이므로

$0.5 \times 3 = \boxed{}$입니다.

정답 18쪽

1 덧셈식으로 계산해 보세요.

$$0.7×2=0.7+0.7=1.4$$

(1) $0.2×3$ _____

(2) $0.3×5$ _____

2 $0.8×4$를 계산하려고 합니다. □ 안에 알맞은 수를 써넣으세요.

$$0.8×4=0.1×8×4$$
$$=0.1×\boxed{}$$

0.1이 모두 $\boxed{}$개이므로

$0.8×4=\boxed{}$입니다.

3 □ 안에 알맞은 수를 써넣으세요.

(1) $0.5×5=\dfrac{\boxed{}}{10}×5=\dfrac{\boxed{}×\boxed{}}{10}$

$=\dfrac{\boxed{}}{10}=\boxed{}$

(2) $0.9×4=\dfrac{\boxed{}}{10}×\boxed{}=\dfrac{\boxed{}×\boxed{}}{10}$

$=\dfrac{\boxed{}}{10}=\boxed{}$

4 계산해 보세요.

(1) $0.6×8=\boxed{}$

(2) $0.04×7=\boxed{}$

5 빈칸에 알맞은 수를 써넣으세요.

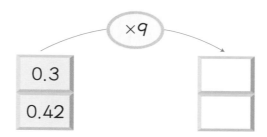

6 어림하여 계산 결과가 3보다 큰 것을 찾아 기호를 써 보세요.

ㄱ $0.38×7$　ㄴ $0.42×8$　ㄷ $0.58×5$

(　　　　　)

7 계산 결과를 비교하여 ○ 안에 >, =, <를 알맞게 써넣으세요.

$$0.57×6 \bigcirc 0.9×4$$

8 0.32 L짜리 음료수가 3병 있습니다. 음료수는 모두 몇 L인가요?

(　　　　　)

❷ (소수)×(자연수)(2)

★ 1.4×2의 계산

방법 ❶ 덧셈식으로 계산하기

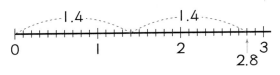

$$1.4×2=1.4+1.4=2.8$$

방법 ❷ 0.1의 개수로 계산하기

$$1.4×2=0.1×14×2$$
$$=0.1×28$$

0.1이 모두 28개이므로 1.4×2=2.8입니다.

방법 ❸ 분수의 곱셈으로 계산하기

$$1.4×2=\frac{14}{10}×2=\frac{14×2}{10}=\frac{28}{10}=2.8$$

방법 ❹ 자연수의 곱셈으로 계산하기

⑭ × 2 = ㉘

$\frac{1}{10}$배 $\frac{1}{10}$배

⑭ × 2 = ㉘

➡ 곱하는 수가 $\frac{1}{10}$배가 되면 계산 결과도 $\frac{1}{10}$배가 됩니다.

---

1 1.2×4를 여러 가지 방법으로 계산한 것입니다. ☐ 안에 알맞은 수를 써넣으세요.

(1) 덧셈식으로 계산하기

$$1.2×4=1.2+\boxed{}+\boxed{}+\boxed{}$$
$$=\boxed{}$$

(2) 분수의 곱셈으로 계산하기

$$1.2×4=\frac{\boxed{}}{10}×4=\frac{12×\boxed{}}{10}$$
$$=\frac{\boxed{}}{10}=\boxed{}$$

(3) 0.1의 개수로 계산하기

1.2×4는 0.1이 모두 ☐개이므로

1.2×4=☐입니다.

2 1.6×3은 얼마인지 그림에 알맞게 색칠하고 ☐ 안에 알맞은 수를 써넣으세요.

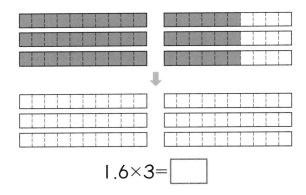

$$1.6×3=\boxed{}$$

3 ☐ 안에 알맞은 수를 써넣으세요.

25 × 3 = ☐

$\frac{1}{10}$배   ☐배

2.5 × 3 = ☐

문제가 쉽다

정답 18쪽

1 덧셈식으로 계산해 보세요.

(1) 2.4×3=☐+☐+☐

=☐

(2) 5.2×4=☐+☐+☐+☐

=☐

2 2.1×3을 계산하려고 합니다. ☐ 안에 알맞은 수를 써넣으세요.

2.1×3=0.1×21×3

=0.1×☐

0.1이 모두 ☐개이므로

2.1×3=☐입니다.

3 소수를 분수로 고쳐서 계산해 보세요.

(1) 3.6×8

_____

(2) 1.8×14

_____

4 계산해 보세요.

(1) 1.8×4=☐

(2) 2.4×6=☐

5 빈칸에 알맞은 수를 써넣으세요.

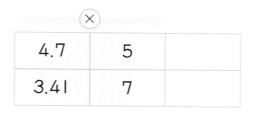

×		
4.7	5	
3.41	7	

6 어림하여 계산 결과가 6보다 작은 것을 찾아 기호를 써 보세요.

㉠ 3.7×2 ㉡ 1.3×4 ㉢ 2.2×3

(   )

7 계산 결과를 비교하여 ○ 안에 >, =, <를 알맞게 써넣으세요.

6.4×3 ○ 2.8×8

8 윤호는 매일 2.7 km를 달립니다. 5일 동안 윤호가 달린 거리는 몇 km인가요?

(   )

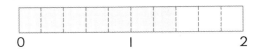

③ (자연수)×(소수)(1)

★ 2×0.7의 계산

방법 ① 그림을 이용하여 계산하기

| 0 | | | | | | | | | 1 | | | | | | | | | 2 |

한 칸의 크기는 2의 0.1, 2의 $\frac{1}{10}$이고, 두 칸의

크기는 2의 0.2, 2의 $\frac{2}{10}$입니다. 7칸의 크기는

2의 0.7, 2의 $\frac{7}{10}$이므로 $\frac{14}{10}$가 되어 1.4입니다.

방법 ② 분수의 곱셈으로 계산하기

$$2 \times 0.7 = 2 \times \frac{7}{10} = \frac{2 \times 7}{10} = \frac{14}{10} = 1.4$$

방법 ③ 자연수의 곱셈으로 계산하기

2 × ⑦ = ⑭

$\frac{1}{10}$배 $\frac{1}{10}$배

2 × ⑩.7 = ①.4

➡ 곱하는 수가 $\frac{1}{10}$배가 되면 계산 결과도 $\frac{1}{10}$

배가 됩니다.

---

1 3×0.6을 계산하려고 합니다. □ 안에 알맞은 수를 써넣으세요.

(1) 분수의 곱셈으로 계산하기

$$3 \times 0.6 = 3 \times \frac{\boxed{}}{10} = \frac{3 \times \boxed{}}{10}$$

$$= \frac{\boxed{}}{10} = \boxed{}$$

(2) 자연수의 곱셈으로 계산하기

3 × 6 = 18

$\frac{1}{10}$배 $\frac{1}{10}$배

3 × 0.6 = $\boxed{}$

곱하는 수가 $\frac{\boxed{}}{10}$배가 되면 계산 결과

도 $\frac{\boxed{}}{10}$배가 됩니다.

---

2 4×0.8을 계산하려고 합니다. □ 안에 알맞은 수를 써넣으세요.

(1) 그림을 이용하여 계산하기

$$4 \times 0.8 = \boxed{}$$

(2) 분수의 곱셈으로 계산하기

$$4 \times 0.8 = 4 \times \frac{\boxed{}}{10} = \frac{4 \times \boxed{}}{10}$$

$$= \frac{\boxed{}}{10} = \boxed{}$$

(3) 자연수의 곱셈으로 계산하기

4 × 8 = $\boxed{}$

$\frac{1}{10}$배 $\frac{1}{\boxed{}}$배

4 × 0.8 = $\boxed{}$

문제가 쉽다

❀ 정답 19쪽

1 □ 안에 알맞은 수를 써넣으세요.

(1) $7 \times 0.4 = 7 \times \dfrac{\square}{10} = \dfrac{7 \times \square}{10}$

$= \dfrac{\square}{10} = \square$

(2) $12 \times 0.6 = 12 \times \dfrac{\square}{10} = \dfrac{\square \times \square}{10}$

$= \dfrac{\square}{10} = \square$

2 □ 안에 알맞은 수를 써넣으세요.

(1) $9 \times 7 = \square$

$)\dfrac{1}{10}$배 $)\square$배

$9 \times 0.7 = \square$

(2) $14 \times 23 = \square$

$)\dfrac{1}{100}$배 $)\square$배

$14 \times 0.23 = \square$

3 계산해 보세요.

(1) $8 \times 0.6 = \square$

(2) $23 \times 0.4 = \square$

4 다음 식에서 잘못 계산한 곳을 찾아 바르게 고쳐 보세요.

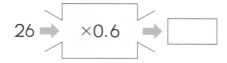

$$20 \times 0.6 = 20 \times \dfrac{6}{10} = \dfrac{20 \times 6}{10}$$
$$= \dfrac{120}{10} = 1.2$$

5 □ 안에 알맞은 수를 써넣으세요.

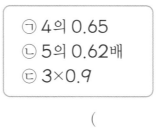

$26 \Rightarrow \boxed{\times 0.6} \Rightarrow \square$

6 어림하여 계산 결과가 3보다 큰 것을 찾아 기호를 써 보세요.

㉠ 4의 0.65
㉡ 5의 0.62배
㉢ 3×0.9

( )

7 계산 결과를 비교하여 ○ 안에 >, =, <를 알맞게 써넣으세요.

(1) $7 \times 0.3 \bigcirc 7 \times 0.5$

(2) $11 \times 0.6 \bigcirc 33 \times 0.2$

4 **(자연수)×(소수)(2)**

★ **3×2.5의 계산**

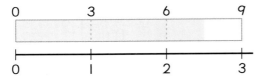 **방법 1** 그림을 이용하여 계산하기

```
0        3        6        9
┌────────────────────────┐
│                        │
└────────────────────────┘
├────────┼────────┼────────┤
0        1        2        3
```

3의 2배는 6이고, 3의 0.5배는 1.5입니다.
따라서 3의 2.5배는 6+1.5=7.5입니다.

방법 2 분수의 곱셈으로 계산하기

$$3×2.5=3×\frac{25}{10}=\frac{3×25}{10}=\frac{75}{10}=7.5$$

방법 3 자연수의 곱셈으로 계산하기

$$3 × ⓐ25 = ⓑ75$$
$$\downarrow \frac{1}{10}배 \quad \downarrow \frac{1}{10}배$$
$$3 × ⓐ2.5 = ⓑ7.5$$

➡ 곱하는 수가 $\frac{1}{10}$배가 되면 계산 결과도 $\frac{1}{10}$배가 됩니다.

1 6×1.4를 계산하려고 합니다. □ 안에 알맞은 수를 써넣으세요.

(1) 그림을 이용하여 계산하기

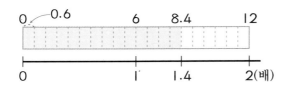

```
0  0.6      6   8.4     12
┌───────────────────────┐
│                       │
└───────────────────────┘
├──────┼──────┼──────┤
0      1     1.4    2(배)
```

6의 1배는 $\boxed{}$이고, 6의 0.4배는 $\boxed{}$

이므로 6의 1.4배는 $\boxed{}$입니다.

(2) 분수의 곱셈으로 계산하기

$$6×1.4=6×\frac{\boxed{}}{10}=\frac{6×\boxed{}}{10}$$

$$=\frac{\boxed{}}{10}=\boxed{}$$

2 5×3.7을 계산하려고 합니다. □ 안에 알맞은 수를 써넣으세요.

(1) 분수의 곱셈으로 계산하기

$$5×3.7=5×\frac{\boxed{}}{10}=\frac{5×\boxed{}}{10}$$

$$=\frac{\boxed{}}{10}=\boxed{}$$

(2) 자연수의 곱셈으로 계산하기

$$5 × 37 = \boxed{}$$
$$\downarrow \frac{1}{10}배 \quad \downarrow \frac{1}{\boxed{}}배$$
$$5 × 3.7 = \boxed{}$$

곱하는 수가 $\frac{\boxed{}}{10}$배가 되면 계산 결과

도 $\frac{\boxed{}}{10}$배가 됩니다.

문제가 쉽다

🌸 정답 19쪽

1 □ 안에 알맞은 수를 써넣으세요.

(1) $18 \times 1.3 = 18 \times \dfrac{\boxed{}}{10} = \dfrac{18 \times \boxed{}}{10}$

$= \dfrac{\boxed{}}{10} = \boxed{}$

(2) $14 \times 2.9 = 14 \times \dfrac{\boxed{}}{10} = \dfrac{14 \times \boxed{}}{10}$

$= \dfrac{\boxed{}}{10} = \boxed{}$

2 □ 안에 알맞은 수를 써넣으세요.

(1) $9 \times 16 = \boxed{}$

$\searrow \dfrac{1}{10}$배 $\qquad \searrow \boxed{}$배

$9 \times 1.6 = \boxed{}$

(2) $30 \times 18 = \boxed{}$

$\searrow \dfrac{1}{10}$배 $\qquad \searrow \boxed{}$배

$30 \times 1.8 = \boxed{}$

3 분수의 곱셈으로 계산해 보세요.

(1) 7×1.6

(2) 18×2.4

4 계산해 보세요.

(1) $53 \times 1.9 = \boxed{}$

(2) $26 \times 4.2 = \boxed{}$

5 □ 안에 알맞은 수를 써넣으세요.

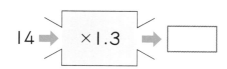

$14 \Rightarrow \boxed{\times 1.3} \Rightarrow \boxed{}$

6 어림하여 계산 결과가 6보다 큰 것을 찾아 기호를 써 보세요.

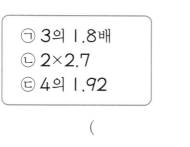

ㄱ 3의 1.8배
ㄴ 2×2.7
ㄷ 4의 1.92

( )

7 평행사변형의 넓이를 구해 보세요.

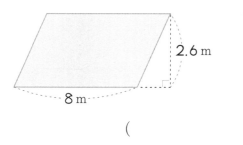

2.6 m
8 m

( )

[1 ~ 8] ☐ 안에 알맞은 수를 써넣으세요.

1 $0.3 \times 7 = \dfrac{\boxed{}}{10} \times 7 = \dfrac{\boxed{} \times 7}{10} = \dfrac{\boxed{}}{10} = \boxed{}$

2 $0.6 \times 4 = \dfrac{\boxed{}}{10} \times 4 = \dfrac{\boxed{} \times \boxed{}}{10} = \dfrac{\boxed{}}{10} = \boxed{}$

3 $0.9 \times 13 = \dfrac{\boxed{}}{10} \times 13 = \dfrac{\boxed{} \times \boxed{}}{10} = \dfrac{\boxed{}}{10} = \boxed{}$

4 $0.28 \times 6 = \dfrac{\boxed{}}{100} \times 6 = \dfrac{\boxed{} \times \boxed{}}{100} = \dfrac{\boxed{}}{100} = \boxed{}$

5　$4 \times 9 = \boxed{}$
　　$\Big) \frac{1}{10}$배　　　　$\Big) \frac{1}{10}$배
　$0.4 \times 9 = \boxed{}$

6　$7 \times 15 = \boxed{}$
　　$\Big) \frac{1}{10}$배　　　　$\Big)$ $\boxed{}$배
　$0.7 \times 15 = \boxed{}$

7　$34 \times 3 = \boxed{}$
　　$\Big) \frac{1}{100}$배　　　　$\Big)$ $\boxed{}$배
　$0.34 \times 3 = \boxed{}$

8　$43 \times 6 = \boxed{}$
　　$\Big)$ $\boxed{}$배　　　　$\Big)$ $\boxed{}$배
　$0.43 \times 6 = \boxed{}$

[1 ~ 8] ☐ 안에 알맞은 수를 써넣으세요.

1 $1.2×3=\dfrac{\boxed{}}{10}×3=\dfrac{\boxed{}×3}{10}=\dfrac{\boxed{}}{10}=\boxed{}$

2 $2.3×4=\dfrac{\boxed{}}{10}×4=\dfrac{\boxed{}×\boxed{}}{10}=\dfrac{\boxed{}}{10}=\boxed{}$

3 $3.7×5=\dfrac{\boxed{}}{10}×5=\dfrac{\boxed{}×\boxed{}}{10}=\dfrac{\boxed{}}{10}=\boxed{}$

4 $1.82×6=\dfrac{\boxed{}}{100}×6=\dfrac{\boxed{}×\boxed{}}{100}=\dfrac{\boxed{}}{100}=\boxed{}$

5 $16 × 4 = \boxed{}$
$\bigg)\dfrac{1}{10}$배 $\bigg)\dfrac{1}{10}$배
$1.6 × 4 = \boxed{}$

6 $24 × 7 = \boxed{}$
$\bigg)\dfrac{1}{10}$배 $\bigg)\dfrac{1}{10}$배
$2.4 × 7 = \boxed{}$

7 $49 × 5 = \boxed{}$
$\bigg)\dfrac{1}{10}$배 $\bigg)\boxed{}$배
$4.9 × 5 = \boxed{}$

8 $523 × 8 = \boxed{}$
$\bigg)\boxed{}$배 $\bigg)\boxed{}$배
$5.23 × 8 = \boxed{}$

[1 ~ 4] 분수의 곱셈으로 계산해 보세요.

1   0.8×8 _____

2   4.8×7 _____

3   5.34×9 _____

4   9.68×7 _____

[5 ~ 12] 계산해 보세요.

5   0.2×9=☐

6   0.4×8=☐

7   0.38×7=☐

8   5.2×6=☐

9   4.15×3=☐

10   6.74×4=☐

11   3.05×9=☐

12   2.84×36=☐

(자연수)×(1보다 작은 소수)

정답 20쪽

[1 ~ 8] ☐ 안에 알맞은 수를 써넣으세요.

1 $5 \times 0.7 = 5 \times \dfrac{\boxed{}}{10} = \dfrac{5 \times \boxed{}}{10} = \dfrac{\boxed{}}{10} = \boxed{}$

2 $8 \times 0.3 = 8 \times \dfrac{\boxed{}}{10} = \dfrac{\boxed{} \times \boxed{}}{10} = \dfrac{\boxed{}}{10} = \boxed{}$

3 $9 \times 0.5 = 9 \times \dfrac{\boxed{}}{10} = \dfrac{\boxed{} \times \boxed{}}{10} = \dfrac{\boxed{}}{10} = \boxed{}$

4 $6 \times 0.28 = 6 \times \dfrac{\boxed{}}{100} = \dfrac{\boxed{} \times \boxed{}}{100} = \dfrac{\boxed{}}{100} = \boxed{}$

5 $4 \times 3 = \boxed{}$

　　$\searrow \frac{1}{10}$배　$\searrow \frac{1}{10}$배

　　$4 \times 0.3 = \boxed{}$

6 $7 \times 6 = \boxed{}$

　　$\searrow \frac{1}{10}$배　$\searrow \boxed{}$배

　　$7 \times 0.6 = \boxed{}$

7 $12 \times 8 = \boxed{}$

　　$\searrow \boxed{}$배　$\searrow \boxed{}$배

　　$12 \times 0.8 = \boxed{}$

8 $9 \times 24 = \boxed{}$

　　$\searrow \boxed{}$배　$\searrow \boxed{}$배

　　$9 \times 0.24 = \boxed{}$

[1 ~ 8] □ 안에 알맞은 수를 써넣으세요.

1 $4 \times 1.6 = 4 \times \dfrac{\boxed{}}{10} = \dfrac{4 \times \boxed{}}{10} = \dfrac{\boxed{}}{10} = \boxed{}$

2 $7 \times 2.4 = 7 \times \dfrac{\boxed{}}{10} = \dfrac{\boxed{} \times \boxed{}}{10} = \dfrac{\boxed{}}{10} = \boxed{}$

3 $3 \times 4.5 = 3 \times \dfrac{\boxed{}}{10} = \dfrac{\boxed{} \times \boxed{}}{10} = \dfrac{\boxed{}}{10} = \boxed{}$

4 $15 \times 2.8 = 15 \times \dfrac{\boxed{}}{10} = \dfrac{\boxed{} \times \boxed{}}{10} = \dfrac{\boxed{}}{10} = \boxed{}$

5 $5 \times 19 = \boxed{}$

$\searrow \frac{1}{10}$배 $\searrow \frac{1}{10}$배

$5 \times 1.9 = \boxed{}$

6 $8 \times 23 = \boxed{}$

$\searrow \frac{1}{10}$배 $\searrow \boxed{}$배

$8 \times 2.3 = \boxed{}$

7 $9 \times 14 = \boxed{}$

$\searrow \boxed{}$배 $\searrow \boxed{}$배

$9 \times 1.4 = \boxed{}$

8 $7 \times 142 = \boxed{}$

$\searrow \boxed{}$배 $\searrow \boxed{}$배

$7 \times 1.42 = \boxed{}$

정답 20쪽

[1 ~ 4] 분수의 곱셈으로 계산해 보세요.

1 9×0.6

2 47×0.5

3 83×0.08

4 76×5.2

[5 ~ 12] 계산해 보세요.

5 $3 \times 0.7 = \boxed{}$

6 $8 \times 0.9 = \boxed{}$

7 $15 \times 0.9 = \boxed{}$

8 $4 \times 2.6 = \boxed{}$

9 $47 \times 0.03 = \boxed{}$

10 $28 \times 0.53 = \boxed{}$

11 $36 \times 1.9 = \boxed{}$

12 $52 \times 1.03 = \boxed{}$

4
단원

⑤ (소수)×(소수)(1)

★ 0.6×0.7의 계산

방법 ❶ 그림을 이용하여 계산하기

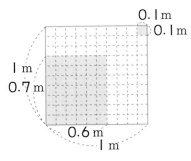

0.1 m
0.1 m
1 m
0.7 m
0.6 m
1 m

(작은 눈금 한 칸의 넓이)=0.1×0.1
=0.01(m²)

(색칠한 사각형의 넓이)=0.01×42
=0.42(m²)

방법 ❷ 분수의 곱셈으로 계산하기

$$0.6×0.7=\frac{6}{10}×\frac{7}{10}=\frac{42}{100}=0.42$$

소수 한 자리 수는 분모가
10인 분수로 고칩니다.

방법 ❸ 자연수의 곱셈으로 계산하기

$$6 × 7 = 42$$
$$\frac{1}{10}배 \quad \frac{1}{10}배 \quad \frac{1}{100}배$$
$$0.6 × 0.7 = 0.42$$

곱의 소수점 아래 자릿수는 곱하는 두 수의 소수점 아래 자릿수의 합과 같습니다.

---

1 그림을 보고 0.7×0.8은 얼마인지 구하려고 합니다. □ 안에 알맞은 수를 써넣으세요.

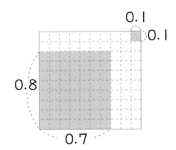

0.1
0.1
0.8
0.7

(1) 작은 모눈 한 칸의 넓이는 □ 입니다.

(2) 색칠한 직사각형은 작은 눈금 □ 칸으로 이루어져 있습니다.

(3) 직사각형의 넓이는
0.01×56=□ 입니다.

(4) 0.7×0.8=□

---

2 0.04×0.3을 여러 가지 방법으로 계산하려고 합니다. □ 안에 알맞은 수를 써넣으세요.

(1) 분수의 곱셈으로 계산해 보세요.

$$0.04×0.3=\frac{□}{100}×\frac{□}{10}=\frac{□}{1000}$$
$$=□$$

(2)
$$4 × 3 = □$$
$$\frac{1}{100}배 \quad \frac{1}{10}배 \quad □배$$
$$0.04 × 0.3 = □$$

문제가 쉽다

정답 21쪽

[1 ~ 3] 그림을 보고 물음에 답하세요.

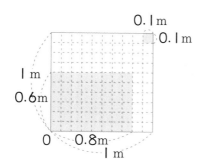

1 가로 0.8 m, 세로 0.6 m인 직사각형에는 작은 정사각형 ☐가 몇 개 들어 있나요?

( )

2 분수의 곱셈으로 계산하려고 합니다. ☐ 안에 알맞은 수를 써넣으세요.

$$0.8 \times 0.6 = \frac{\boxed{}}{10} \times \frac{\boxed{}}{10} = \frac{\boxed{}}{100}$$
$$= \boxed{}$$

3 소수를 분수로 고쳐서 계산한 것입니다. 잘못 계산한 것의 기호를 써 보세요.

$\bigcirc\ 0.11 \times 0.8 = \dfrac{11}{100} \times \dfrac{8}{10}$
$\qquad\qquad = \dfrac{88}{1000} = 0.088$

$\bigcirc\ 0.41 \times 0.21 = \dfrac{41}{100} \times \dfrac{21}{100}$
$\qquad\qquad\quad = \dfrac{861}{10000} = 0.861$

( )

4 계산해 보세요.

(1) $0.23 \times 0.9 = \boxed{}$

(2) $0.5 \times 0.5 = \boxed{}$

(3) $0.04 \times 0.5 = \boxed{}$

(4) $0.76 \times 0.18 = \boxed{}$

5 계산 결과가 더 큰 것의 기호를 써 보세요.

$\bigcirc\ 0.29 \times 0.7 \qquad \bigcirc\ 0.6 \times 0.33$

( )

6 재원이와 재영이가 달리기를 합니다. 재원이는 0.9 km를 달렸고, 재영이는 재원이가 달린 거리의 0.7배를 달렸습니다. 재영이가 달린 거리를 구해 보세요.

( )

6 (소수)×(소수)(2)

★ 4.1×3.5의 계산

방법 **1** 분수의 곱셈으로 계산하기

$$4.1×3.5=\frac{41}{10}×\frac{35}{10}=\frac{1435}{100}=14.35$$

방법 **2** 자연수의 곱셈으로 계산하기

$$41 × 35 = 1435$$

$\Big\rfloor\frac{1}{10}$배　$\Big\rfloor\frac{1}{10}$배　$\Big\rfloor\frac{1}{100}$배

$$4.1 × 3.5 = 14.35$$

★ 1.32×1.7의 계산

방법 **1** 분수의 곱셈으로 계산하기

$$1.32×1.7=\frac{132}{100}×\frac{17}{10}=\frac{2244}{1000}$$
$$=2.244$$

방법 **2** 자연수의 곱셈으로 계산하기

$$132 × 17 = 2244$$

$\Big\rfloor\frac{1}{100}$배　$\Big\rfloor\frac{1}{10}$배　$\Big\rfloor\frac{1}{1000}$배

$$1.32 × 1.7 = 2.244$$

---

1 7.2×1.4를 여러 가지 방법으로 계산하려고 합니다. ☐ 안에 알맞은 수를 써넣으세요.

(1) 분수의 곱셈으로 계산하기

$$7.2×1.4=\frac{\boxed{}}{10}×\frac{\boxed{}}{10}$$
$$=\frac{\boxed{}}{100}=\boxed{}$$

(2) 자연수의 곱셈으로 계산하기

$$72 × 14 = \boxed{}$$

$\Big\rfloor\frac{1}{10}$배　$\Big\rfloor\frac{1}{10}$배　$\Big\rfloor\frac{1}{100}$배

$$7.2 × 1.4 = \boxed{}$$

(3) 소수의 크기를 생각하여 계산해 보세요.

72×14=1008인데 7.2에 1.4를 곱하면 7.2보다 조금 (큰 , 작은) 값이 나와야 하므로 계산 결과는 ☐ 입니다.

2 4.09×6.6을 여러 가지 방법으로 계산하려고 합니다. ☐ 안에 알맞은 수를 써넣으세요.

(1) 분수의 곱셈으로 계산하기

$$4.09×6.6=\frac{\boxed{}}{100}×\frac{\boxed{}}{10}$$
$$=\frac{\boxed{}}{1000}=\boxed{}$$

(2) 자연수의 곱셈으로 계산하기

$$409 × 66 = \boxed{}$$

$\Big\rfloor\frac{1}{100}$배　$\Big\rfloor\frac{1}{10}$배　$\Big\rfloor\frac{1}{1000}$배

$$4.09 × 6.6 = \boxed{}$$

3 계산해 보세요.

$$1.05×2.7$$

(　　　　　　)

1 □ 안에 알맞은 수를 써넣으세요.

$$3.1 \times 2.9 = \frac{\boxed{}}{10} \times \frac{\boxed{}}{10} = \frac{\boxed{}}{100}$$

$$= \boxed{}$$

2 2.7×4.3을 자연수의 곱셈으로 계산하려고 합니다. □ 안에 알맞은 수를 써넣으세요.

$$27 \times 43 = \boxed{}$$

$$\Big) \frac{1}{10} 배 \quad \Big) \frac{1}{10} 배 \quad \Big) \boxed{} 배$$

$$2.7 \times 4.3 = \boxed{}$$

3 3.25×1.4를 소수의 크기를 생각하여 계산하려고 합니다. □ 안에 알맞은 수를 써넣으세요.

325×14=□ 인데 3.25에 1.4를 곱하면 3.25의 1배인 □ 보다 조금 커야 하므로 □ 입니다.

4 분수의 곱셈으로 계산해 보세요.

1.23×3.4

5 계산해 보세요.

(1) 2.3×3.5=□

(2) 9.4×1.1=□

(3) 1.09×2.5=□

(4) 5.28×1.75=□

6 계산 결과를 비교하여 ○ 안에 >, =, <를 알맞게 써넣으세요.

74.31 ○ 1.7×43.6

7 소수의 곱셈을 하고, 계산 결과가 큰 것부터 차례로 ○ 안에 번호를 써넣으세요.

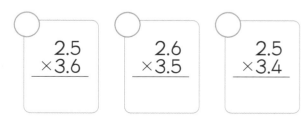

$$\begin{array}{r} 2.5 \\ \times 3.6 \end{array} \qquad \begin{array}{r} 2.6 \\ \times 3.5 \end{array} \qquad \begin{array}{r} 2.5 \\ \times 3.4 \end{array}$$

4 단원

❼ 곱의 소수점 위치

★ 소수에 10, 100, 1000을 곱하는 경우

0.36×10=3.6

0.36×100=36

0.36×1000=360

➡ 곱하는 수의 0이 하나씩 늘어날 때마다 곱의 소수점이 오른쪽으로 한 자리씩 옮겨집니다.

★ 자연수에 0.1, 0.01, 0.001을 곱하는 경우

3427×0.1=342.7

3427×0.01=34.27

3427×0.001=3.427

➡ 곱하는 소수의 소수점 아래 자리 수가 하나씩 늘어날 때마다 곱의 소수점이 왼쪽으로 한 자리씩 옮겨집니다.

---

1 □ 안에 알맞은 수를 써넣고 알맞은 말에 ○표 하세요.

(1) 0.27×1=0.27

0.27×10=□

0.27×100=□

0.27×1000=□

(2) 1.48×1=□

1.48×10=□

1.48×100=□

1.48×1000=□

(3) 곱하는 수의 0이 하나씩 늘어날 때마다 곱의 소수점이 (오른쪽 , 왼쪽)으로 한 자리씩 옮겨집니다.

2 □ 안에 알맞은 수를 써넣고 알맞은 말에 ○표 하세요.

(1) 360×1=360

360×0.1=□

360×0.01=□

360×0.001=□

(2) 524×1=□

524×0.1=□

524×0.01=□

524×0.001=□

(3) 곱하는 소수의 소수점 아래 자리 수가 하나씩 늘어날 때마다 곱의 소수점이 (오른쪽 , 왼쪽)으로 한 자리씩 옮겨집니다.

1 □ 안에 알맞은 수를 써넣으세요.

$0.53×10=$ ☐

$0.53×100=$ ☐

$0.53×1000=$ ☐

2 □ 안에 알맞은 수를 써넣으세요.

$16×0.1=$ ☐

$16×0.01=$ ☐

$16×0.001=$ ☐

3 보기 를 이용하여 계산해 보세요.

보기

$6.4×58=371.2$

$6.4×580=$ ☐

$0.064×58=$ ☐

$6.4×0.58=$ ☐

4 보기 를 이용하여 계산해 보세요.

보기

$27×49=1323$

$2.7×4.9=$ ☐

$2.7×0.49=$ ☐

$0.27×4.9=$ ☐

5 □ 안에 알맞은 수를 써넣으세요.

(1) $0.58×$ ☐ $=5.8$

$0.58×100=$ ☐

$0.58×$ ☐ $=580$

(2) $450×$ ☐ $=45$

$450×0.01=$ ☐

$450×$ ☐ $=0.45$

6 음료수 1병의 무게는 0.623kg입니다. 음료수 10병, 100병, 1000병의 무게는 얼마인지 각각 써 보세요.

10병 (   )

100병 (   )

1000병 (   )

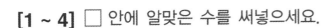
[1 ~ 4] □ 안에 알맞은 수를 써넣으세요.

1 $0.3 \times 0.9 = \dfrac{\square}{10} \times \dfrac{\square}{10} = \dfrac{\square}{100} = \square$

2 $0.6 \times 0.7 = \dfrac{\square}{10} \times \dfrac{\square}{10} = \dfrac{\square}{100} = \square$

3
$$9 \times 5 = \square$$
$\Big) \dfrac{1}{10}$배 $\Big) \dfrac{1}{10}$배 $\Big) \square$배
$$0.9 \times 0.5 = \square$$

4
$$23 \times 7 = \square$$
$\Big) \dfrac{1}{100}$배 $\Big) \dfrac{1}{10}$배 $\Big) \square$배
$$0.23 \times 0.7 = \square$$

[5 ~ 12] 계산해 보세요.

5 $0.3 \times 0.8 = \square$

6 $0.5 \times 0.6 = \square$

7 $0.4 \times 0.07 = \square$

8 $0.83 \times 0.8 = \square$

9
$$\begin{array}{r} 0.4 \\ \times\,0.39 \\ \hline \square \end{array}$$

10
$$\begin{array}{r} 0.38 \\ \times\,0.04 \\ \hline \square \end{array}$$

11
$$\begin{array}{r} 0.15 \\ \times\,0.43 \\ \hline \square \end{array}$$

12
$$\begin{array}{r} 0.18 \\ \times\,0.92 \\ \hline \square \end{array}$$

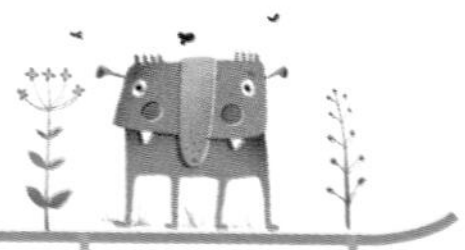

정답 23쪽

[1 ~ 5] 주어진 방법으로 계산해 보세요.

1

0.7×0.8

자연수의 곱셈으로 계산하기

2

0.35×0.6

분수의 곱셈으로 계산하기

3

0.9×0.24

소수의 크기를 생각하여 계산하기

4

0.54×0.4

자연수의 곱셈으로 계산하기

5

0.63×0.5

분수의 곱셈으로 계산하기

[1 ~ 4] □ 안에 알맞은 수를 써넣으세요.

1 $2.4 \times 1.8 = \dfrac{\boxed{}}{10} \times \dfrac{\boxed{}}{10} = \dfrac{\boxed{}}{100} = \boxed{}$

2 $4.36 \times 1.7 = \dfrac{\boxed{}}{100} \times \dfrac{\boxed{}}{10} = \dfrac{\boxed{}}{1000} = \boxed{}$

3 $16 \times 23 = \boxed{}$

$\searrow \dfrac{1}{10}$배 $\searrow \dfrac{1}{10}$배 $\searrow \boxed{}$배

$1.6 \times 2.3 = \boxed{}$

4 $34 \times 28 = \boxed{}$

$\searrow \dfrac{1}{10}$배 $\searrow \dfrac{1}{10}$배 $\searrow \boxed{}$배

$3.4 \times 2.8 = \boxed{}$

[5 ~ 12] 계산해 보세요.

5 $3.4 \times 2.6 = \boxed{}$

6 $6.5 \times 2.7 = \boxed{}$

7 $5.05 \times 4.8 = \boxed{}$

8 $4.5 \times 5.03 = \boxed{}$

9
$$\begin{array}{r} 2.6 \\ \times\,4.3 \\ \hline \boxed{} \end{array}$$

10
$$\begin{array}{r} 6.7 \\ \times\,1.9 \\ \hline \boxed{} \end{array}$$

11
$$\begin{array}{r} 7.52 \\ \times\ \ 4.9 \\ \hline \boxed{} \end{array}$$

12
$$\begin{array}{r} 3.56 \\ \times\,2.08 \\ \hline \boxed{} \end{array}$$

정답 23쪽

[1 ~ 5] 주어진 방법으로 계산해 보세요.

1

2.6×1.9

자연수의 곱셈으로 계산하기

2

4.7×5.3

분수의 곱셈으로 계산하기

3

2.25×1.3

소수의 크기를 생각하여 계산하기

4

5.6×2.85

자연수의 곱셈으로 계산하기

5

3.72×6.2

분수의 곱셈으로 계산하기

[1 ~ 6] 소수점의 위치를 생각하여 계산해 보세요.

1 $0.82 \times 10 = \boxed{}$

$0.82 \times 100 = \boxed{}$

$0.82 \times 1000 = \boxed{}$

2 $6.31 \times 10 = \boxed{}$

$6.31 \times 100 = \boxed{}$

$6.31 \times 1000 = \boxed{}$

3 $10 \times 5.16 = \boxed{}$

$100 \times 5.16 = \boxed{}$

$1000 \times 5.16 = \boxed{}$

4 $290 \times 0.1 = \boxed{}$

$290 \times 0.01 = \boxed{}$

$290 \times 0.001 = \boxed{}$

5 $720 \times 0.1 = \boxed{}$

$720 \times 0.01 = \boxed{}$

$720 \times 0.001 = \boxed{}$

6 $0.1 \times 360 = \boxed{}$

$0.01 \times 360 = \boxed{}$

$0.001 \times 360 = \boxed{}$

7 보기 를 이용하여 계산해 보세요.

보기
$4.6 \times 37 = 170.2$

$4.6 \times 370 = \boxed{}$

$0.046 \times 37 = \boxed{}$

8 보기 를 이용하여 계산해 보세요.

보기
$36 \times 54 = 1944$

$3.6 \times 5.4 = \boxed{}$

$0.36 \times 5.4 = \boxed{}$

01 0.8×13을 계산하려고 합니다. ☐ 안에 알맞은 수를 써넣으세요.

> 0.8은 0.1이 ☐개입니다.
>
> 0.8×13은 0.1이 ☐개씩 ☐묶음입니다.
>
> 0.1이 모두 ☐개이므로
>
> 0.8×13=☐입니다.

02 계산해 보세요.

(1) 0.4×7=☐

(2) 0.2×8=☐

03 ☐ 안에 알맞은 수를 써넣으세요.

$$0.07 \times 38 = \frac{\boxed{}}{100} \times 38 = \frac{\boxed{} \times 38}{100}$$

$$= \frac{\boxed{}}{100}$$

$$= \boxed{}$$

04 빈칸에 알맞은 수를 써넣으세요.

05 호박 1개의 무게는 고구마 3개의 무게와 같습니다. 고구마 1개의 무게가 0.28 kg 일 때, 호박 1개의 무게는 몇 kg인가요?

( )

06 가로가 3.28 m, 세로가 6 m인 직사각형 모양의 텃밭이 있습니다. 이 텃밭의 넓이는 몇 m²인가요?

( )

07 자연수의 곱셈으로 계산해 보세요.

$$4 \quad \times \quad 14 \quad = \boxed{}$$

$$\Big) \boxed{} \text{배} \quad \Big) \boxed{} \text{배}$$

$$4 \quad \times \quad 1.4 \quad = \boxed{}$$

08 계산해 보세요.

(1) $52 \times 0.4 =$ ☐

(2) $7 \times 0.38 =$ ☐

09 지성이는 자전거를 타고 1시간에 14 km 를 달린다고 합니다. 같은 빠르기로 36분 동안 달린다면 몇 km를 갈 수 있나요?

(   )

10 ☐ 안에 알맞은 수를 써넣으세요.

$$0.4 \times 0.7 = \frac{\boxed{}}{10} \times \frac{\boxed{}}{10}$$

$$= \frac{\boxed{}}{100}$$

$$= \boxed{}$$

11 계산해 보세요.

(1) $0.15 \times 0.4 =$ ☐

(2) $0.25 \times 0.08 =$ ☐

(3) $0.93 \times 0.4 =$ ☐

12 0.75×0.62의 값이 얼마인지 어림해서 구해 보세요.

| ㉠ 4.65   ㉡ 0.465   ㉢ 0.0465 |

(   )

13 계산 결과를 비교하여 ◯ 안에 >, =, <를 알맞게 써넣으세요.

| 0.3×0.15 | ◯ | 0.05×0.9 |

14 가로가 0.27 m, 세로가 0.2 m인 직사각형 모양의 액자가 있습니다. 이 액자의 넓이는 몇 m²인가요?

(   )

15 보기 와 같이 계산해 보세요.

보기

$$1.2 \times 3.6 = \frac{12}{10} \times \frac{36}{10} = \frac{432}{100} = 4.32$$

1.3×2.5

_____

_____

16 계산이 틀린 곳을 찾아 바르게 계산해 보세요.

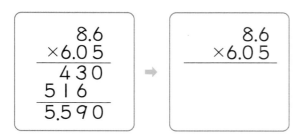

17 소정이가 계산기로 0.45×0.6을 계산하려고 두 수를 눌렀는데 수 하나의 소수점 위치를 잘못 눌렀습니다. 소정이가 계산기에 누른 두 수를 써 보세요.

서술형

18 1분에 17.5 L의 물이 나오는 수도가 있습니다. 이 수도를 동시에 틀어 3분 15초 동안 받은 물은 모두 몇 L인지 풀이 과정을 쓰고 답을 구해 보세요.

풀이 과정 _____

_____

_____

_____

답 _____

19 □ 안에 알맞은 수를 써넣으세요.

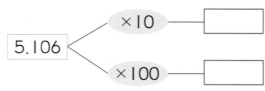

20 계산 결과를 비교하여 더 큰 것의 기호를 써 보세요.

> ㉠ 4.908×100
> ㉡ 4908×0.001

( )

21 계산이 맞도록 곱의 소수점을 찍어 보세요. (단, 소수점 아래의 자릿수가 모자라면 0을 더 채워 쓰고 소수점을 찍습니다.)

(1)
$$\begin{array}{r} 12 \\ \times 0.06 \\ \hline 72 \end{array}$$

(2)
$$\begin{array}{r} 3 \\ \times 0.019 \\ \hline 57 \end{array}$$

22 □ 안에 알맞은 수를 써넣으세요.

(1) 62.5×□=0.625

(2) 25×□=2.5

(3) 32.76×□=3.276

23 어림하여 계산 결과가 4보다 큰 것을 찾아 기호를 써 보세요.

> ㉠ 6.3의 0.7
> ㉡ 1.9의 1.5배
> ㉢ 2.4×1.2

( )

24 철사 1m의 무게는 0.013kg입니다. 이 철사 100m의 무게는 몇 kg인가요?

( )

25 가로가 1.25m, 세로가 3.2m인 직사각형 모양 땅의 넓이는 몇 m²인가요?

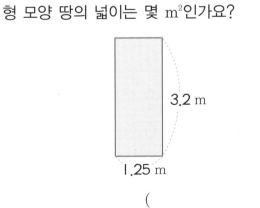

3.2 m

1.25 m

( )

5 직육면체

① 직사각형 6개로 둘러싸인 도형
② 정사각형 6개로 둘러싸인 도형
③ 직육면체의 성질
④ 직육면체의 겨냥도
⑤ 정육면체와 직육면체의 전개도

① 직사각형 6개로 둘러싸인 도형

★ **직육면체**

• 직육면체는 직사각형 6개로 둘러싸인 도형입니다.

> 직사각형 6개로 둘러싸인 도형을 직육면체라고 합니다.

★ **직육면체의 구성 요소**

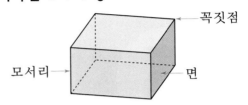

• 면: 선분으로 둘러싸인 부분
• 모서리: 면과 면이 만나는 선분
• 꼭짓점: 모서리와 모서리가 만나는 점

---

1 도형을 보고 물음에 답하세요.

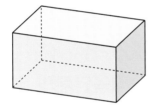

(1) 그림과 같이 직사각형 6개로 둘러싸인 도형을 무엇이라고 하나요?

(   )

(2) 직육면체의 면은 어떤 도형인가요?

(   )

(3) 보이는 면은 모두 몇 개인가요?

(   )

2 직육면체를 보고 물음에 답하세요.

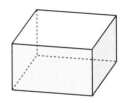

(1) 직육면체에서 선분으로 둘러싸인 부분을 무엇이라고 하나요?

(   )

(2) 직육면체에서 면과 면이 만나는 선분을 무엇이라고 하나요?

(   )

(3) 직육면체에서 모서리와 모서리가 만나는 점을 무엇이라고 하나요?

(   )

3 빈칸에 직육면체의 보이는 면, 모서리, 꼭짓점의 수를 써넣으세요.

면의 수(개)	모서리의 수(개)	꼭짓점의 수(개)
3		

1 □ 안에 알맞은 말을 써넣으세요.

직사각형 모양의 면 6개로 둘러싸인
도형을 [   ](이)라고 합니다.

2 직육면체를 모두 찾아 기호를 써 보세요.

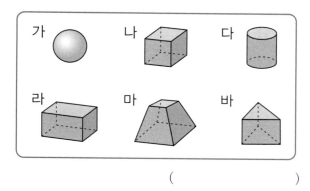

가   나   다
라   마   바

(   )

3 직육면체에서 □ 안에 알맞은 말을 써넣으
세요.

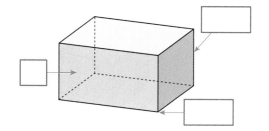

4 직육면체의 각 면을 본 떠서 그릴 수 있는
도형을 찾아 ○표 하세요.

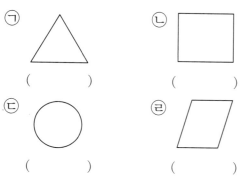

ㄱ   ㄴ
(   )   (   )

ㄷ   ㄹ
(   )   (   )

5 직육면체에서 보이는 면을 모두 찾아 ○표
하세요.

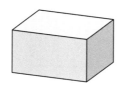

6 직육면체에서 보이는 모서리는 ×표, 보이
는 꼭짓점은 △표 하세요.

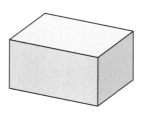

5
단원

❷ **정사각형 6개로 둘러싸인 도형**

★ **정육면체**

• 정사각형 6개로 둘러싸인 도형을 정육면체라고 합니다.

★ **정육면체의 구성 요소**

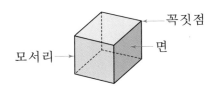

꼭짓점
모서리 →
면

★ **직육면체와 정육면체의 공통점**

	면의 수(개)	모서리의 수(개)	꼭짓점의 수(개)
직육면체	6	12	8
정육면체	6	12	8

★ **직육면체와 정육면체의 관계**

• 정육면체는 직육면체라고 할 수 있습니다.

• 직육면체는 정육면체라고 할 수 없습니다.

1 오른쪽 그림을 보고 □ 안에 알맞게 써넣으세요.

정사각형 6개로 둘러싸인 도형을 □□□(이)라고 합니다.

2 □ 안에 알맞은 수를 써넣으세요.

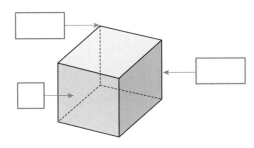

3 정육면체를 찾아 ○표 하세요.

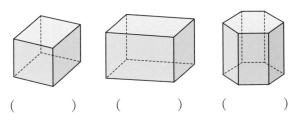

(   )   (   )   (   )

4 정육면체를 보고 빈칸에 알맞은 수를 써넣으세요.

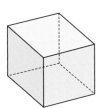

면의 수(개)	모서리의 수(개)	꼭짓점의 수(개)

🌸 정답 25쪽

[1 ~ 2] 그림을 보고 물음에 답하세요.

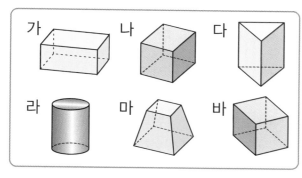

가   나   다

라   마   바

1 정육면체를 모두 찾아 기호를 써 보세요.

(   )

2 직육면체가 <u>아닌</u> 것을 모두 찾아 기호를 써 보세요.

(   )

3 바르게 설명한 것을 찾아 기호를 써 보세요.

> ㉠ 정육면체는 직육면체라고 할 수 있습니다.
> ㉡ 직육면체는 정육면체라고 할 수 있습니다.

(   )

4 정육면체를 보고 □ 안에 알맞은 수를 써 넣으세요.

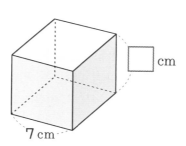

☐ cm

7 cm

5 다음 정육면체에서 보이는 모서리와 보이는 면의 수의 합을 구해 보세요.

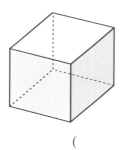

(   )

6 한 모서리의 길이가 5 cm인 정육면체 모양의 주사위가 있습니다. 이 주사위의 모서리의 길이의 합은 몇 cm인가요?

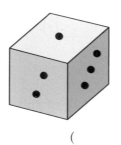

(   )

5
단원

❸ 직육면체의 성질

★ **서로 마주 보고 있는 면의 관계**

• 직육면체에서 색칠한 두 면처럼 계속 늘여도 만나지 않는 두 면을 서로 평행하다고 합니다. 이 두 면을 직육면체의 밑면이라고 합니다.

• 직육면체에는 평행한 면이 3쌍 있고 이 평행한 면은 각각 밑면이 될 수 있습니다.

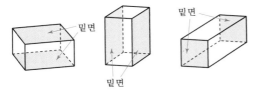

• 직육면체에서 마주 보는 두 면은 서로 평행하고, 평행한 면은 모두 3쌍입니다.

★ **서로 만나는 두 면 사이의 관계**

• 삼각자 3개를 그림과 같이 놓았을 때 면 ㄱㄴㄷㄹ과 면 ㄷㅅㅇㄹ은 수직입니다.

• 직육면체에서 밑면과 수직인 면을 직육면체의 옆면이라고 합니다.

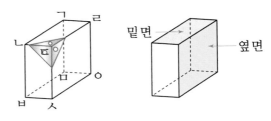

• 면 ㄱㄴㄷㄹ과 수직인 면 : 면 ㄱㅁㅇㄹ, 면 ㄱㅁㅂㄴ, 면 ㄴㅂㅅㄷ, 면 ㄹㅇㅅㄷ

• 한 면에 수직인 면은 4개입니다.

  마주 보는 면 ㅁㅂㅅㅇ을 제외한 4개의 면입니다. 즉, 직육면체에서 만나는 면은 서로 수직입니다.

---

1 직육면체를 보고 ☐ 안에 알맞게 써넣으세요.

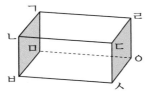

(1) 면 ㄱㄴㅂㅁ과 면 ☐ 처럼 계속 늘여도 만나지 않는 두 면을 서로 ☐ 하다고 합니다. 이 두 면을 직육면체의 ☐ 이라고 합니다.

(2) 직육면체에서 평행한 면은 모두 ☐ 쌍입니다.

2 직육면체에서 면 ㄴㅂㅅㄷ과 평행한 면에 색칠해 보세요.

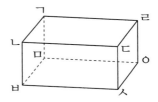

3 직육면체를 보고 면 ㄱㅁㅂㄴ과 수직인 면을 모두 찾아 ◯표 하세요.

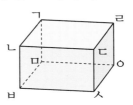

면 ㄱㄴㄷㄹ　면 ㄷㅅㅇㄹ　면 ㄱㅁㅇㄹ

문제가 쉽다

정답 25쪽

[1 ~ 4] 직육면체를 보고 물음에 답하세요.

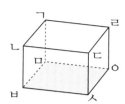

1 색칠한 면과 만나는 면은 모두 몇 개인가 요?

( )

2 색칠한 면과 평행한 면을 찾아 써 보세요.

( )

3 색칠한 면과 수직인 면을 모두 찾아 써 보 세요.

_____

_____

4 직육면체에서 서로 평행한 면은 모두 몇 쌍 인가요?

( )

[5 ~ 8] 직육면체를 보고 물음에 답하세요.

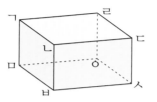

5 직육면체에서 면 ㄹㅇㅅㄷ과 평행한 면을 찾아 써 보세요.

( )

6 면 ㄱㄴㄷㄹ과 면 ㄴㅂㅅㄷ이 이루는 각의 크기는 몇 도인가요?

( )

7 면 ㅁㅂㅅㅇ과 수직으로 만나는 면은 모두 몇 개인가요?

( )

8 면 ㄱㅁㅂㄴ과 수직인 면을 모두 써 보세 요.

_____

_____

5
단원

4 직육면체의 겨냥도

★ 직육면체의 겨냥도

그림과 같이 직육면체의 모양을 잘 알 수 있도록 나타낸 그림을 직육면체의 겨냥도라고 합니다.

★ 직육면체의 겨냥도 그리기

• 평행한 모서리는 서로 평행하게 그립니다.
• 보이는 모서리는 실선으로 그립니다.
• 보이지 않는 모서리는 점선으로 그립니다.

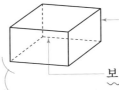

보이는 모서리: 실선 9개

보이지 않는 모서리: 점선 3개

직육면체는 모서리가 12개입니다.

---

1 직육면체를 보고 ☐ 안에 알맞은 수나 말을 써넣으세요.

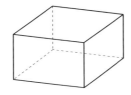

(1) 직육면체의 모양을 잘 알 수 있도록 나타낸 그림을 직육면체의 ☐(이)라고 합니다.

(2) 직육면체를 그릴 때 평행한 모서리는 평행하게 그리고, 보이는 모서리는 ☐(으)로, 보이지 않는 모서리는 ☐(으)로 그립니다.

(3) 직육면체는 모서리가 모두 ☐개입니다.

4 그림에서 빠진 부분을 그려 넣어 직육면체의 겨냥도를 완성해 보세요.

(1)

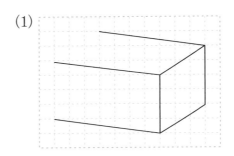

(2)

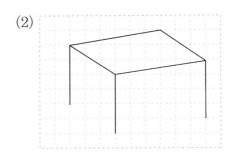

(3)

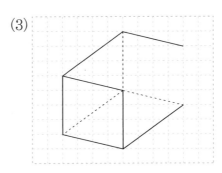

문제가 쉽다

정답 26쪽

1 직육면체의 겨냥도를 바르게 그린 것을 찾아 기호를 써 보세요.

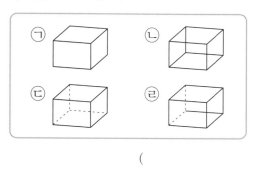

( )

2 여러 가지 직육면체의 겨냥도를 그린 것입니다. 빠진 부분을 그려 넣어 직육면체의 겨냥도를 완성해 보세요.

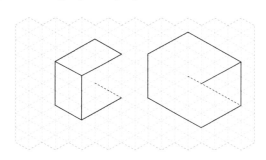

[3 ~ 4] 직육면체의 겨냥도 보고 물음에 답하세요.

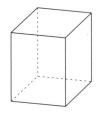

3 보이는 모서리는 모두 몇 개인가요?

( )

4 보이지 않는 모서리는 모두 몇 개인가요?

( )

5 직육면체에서 보이는 면을 모두 써 보세요.

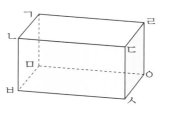

( )

6 직육면체의 겨냥도를 잘못 설명한 것을 찾아 기호를 써 보세요.

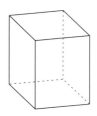

> ㉠ 보이지 않는 면은 3개입니다.
> ㉡ 보이는 모서리는 12개입니다.
> ㉢ 보이지 않는 꼭짓점은 1개입니다.

( )

7 다음 직육면체에서 보이는 모서리의 길이의 합은 몇 cm인지 구해 보세요.

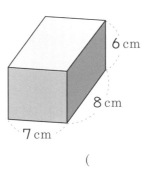

( )

❺ 정육면체와 직육면체의 전개도

★ 정육면체의 전개도

정육면체의 모서리를 잘라서 펼친 그림을 정육면체의 전개도라고 합니다.

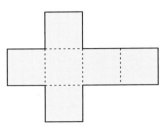

- 정육면체의 전개도에서 잘리지 않은 모서리는 점선, 잘린 모서리는 실선으로 나타냅니다.
- 전개도를 접었을 때 서로 겹치는 모서리의 길이는 같게 그리고 평행한 두 면은 모양과 크기를 같게 그립니다.

★ 직육면체의 전개도

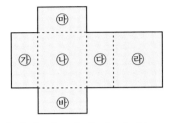

- 서로 평행한 면: 면 ㉮와 면 ㉰, 면 ㉯와 면 ㉲, 면 ㉱와 면 ㉳
  ➡ 전개도를 접어서 직육면체를 만들었을 때, 마주 보는 면은 서로 평행합니다.
- 면 ㉮와 수직인 면: 면 ㉯, 면 ㉲, 면 ㉱, 면 ㉳
  ➡ 전개도를 접어서 직육면체를 만들었을 때, 마주 보는 면을 제외한 4개의 면은 서로 수직입니다.

1 그림을 보고 □ 안에 알맞은 말을 써넣으세요.

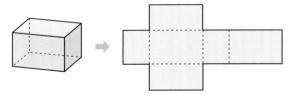

(1) 직육면체의 전개도를 그릴 때, 잘리지 않은 모서리는 □, 잘린 모서리는 □ (으)로 나타냅니다.

(2) 전개도를 그릴 때, 서로 만나는 모서리의 □는 같게 그리고, □한 두 면은 모양과 크기를 같게 그립니다.

[2 ~ 3] 전개도를 접어서 직육면체를 만들었습니다. 물음에 답하세요.

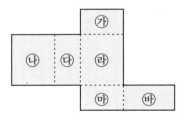

2 면 ㉮와 평행한 면을 찾아 써 보세요.

( )

3 면 ㉮와 수직인 면을 모두 찾아 써 보세요.

( )

문제가 쉽다

※ 정답 26쪽

1 정육면체의 전개도가 <u>아닌</u> 것을 찾아 기호를 써 보세요.

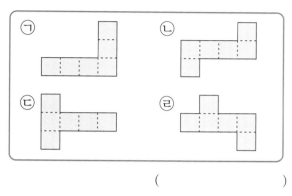

( )

2 색칠한 면과 평행한 면에 색칠해 보세요.

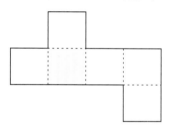

3 색칠한 면과 수직인 면에 모두 색칠해 보세요.

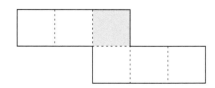

[4 ~ 5] 전개도를 접어서 직육면체를 만들었습니다. 물음에 답하세요.

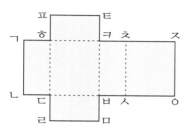

4 선분 ㅍㅌ과 겹치는 선분을 찾아 써 보세요.

( )

5 점 ㄴ과 만나는 점을 모두 찾아 써 보세요.

( )

6 □ 안에 알맞은 수를 써넣으세요.

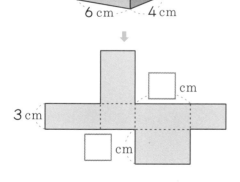

7 주사위의 전개도입니다. 서로 평행한 두 면의 눈의 수의 합이 7이 되도록 눈을 그려넣으세요.

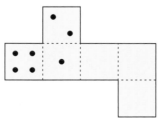

5
단원

1 직육면체를 모두 찾아 기호를 써 보세요.

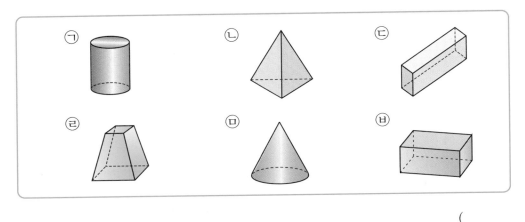

(   )

[2 ~ 3] 직육면체를 보고 물음에 답하세요.

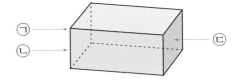

2 ㉠, ㉡, ㉢의 각 부분의 이름을 써 보세요.

㉠ (   )
㉡ (   )
㉢ (   )

3 ㉡과 길이가 같은 모서리는 몇 개 더 있나요?

(   )

4 오른쪽 직육면체에서 색칠한 면을 본뜬 모양은 어느 것인가요? ·······(   )

① 원   ② 마름모   ③ 직사각형
④ 직각삼각형   ⑤ 정오각형

1 그림을 보고 □ 안에 알맞은 수나 말을 써넣으세요.

정사각형 모양의 면 □개로 둘러싸인 도형을 □(이)라고 합니다.

2 정육면체를 모두 찾아 ○표 하세요.

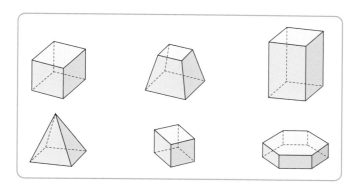

3 빈칸에 알맞은 수를 써넣으세요.

도형	면의 수(개)	모서리의 수(개)	꼭짓점의 수(개)
직육면체	6		
정육면체			

[4 ~ 7] ( ) 안에 옳은 것은 ○표, 틀린 것은 ×표 하세요.

4 직육면체는 정육면체라고 할 수 있습니다. ( )

5 정육면체는 면이 6개입니다. ( )

6 직육면체의 면은 모두 정사각형입니다. ( )

7 정육면체의 모서리의 길이는 모두 같습니다. ( )

5
단원

[1 ~ 5] 직육면체를 보고 물음에 답하세요.

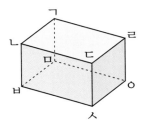

1 면 ㄱㅁㅇㄹ과 서로 평행한 면은 어느 면인가요?

( )

2 서로 평행한 면은 모두 몇 쌍 있나요?

( )

3 면 ㄱㄴㄷㄹ과 면 ㄱㅁㅂㄴ이 이루는 각의 크기는 몇 도인가요?

( )

4 면 ㅁㅂㅅㅇ과 수직으로 만나는 면은 모두 몇 개인가요?

( )

5 면 ㄱㅁㅂㄴ과 수직인 면을 모두 써 보세요.

( )

정답 27쪽

[1 ~ 3] 직육면체를 보고 물음에 답하세요.

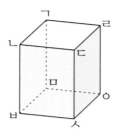

1 보이는 모서리는 모두 몇 개인가요?

(   )

2 보이지 않는 면은 모두 몇 개인가요?

(   )

3 직육면체에서 보이지 않는 꼭짓점은 몇 개인가요?

(   )

5
단원

4 빠진 부분을 그려 넣어 직육면체의 겨냥도를 완성해 보세요.

(1)
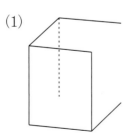

(2)
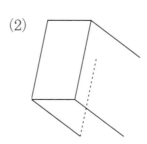

5 직육면체에서 보이지 <u>않는</u> 모서리의 길이의 합을 구해 보세요.

(   )

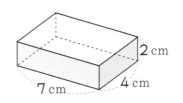

1 정육면체의 전개도를 모두 찾아 기호를 써 보세요.

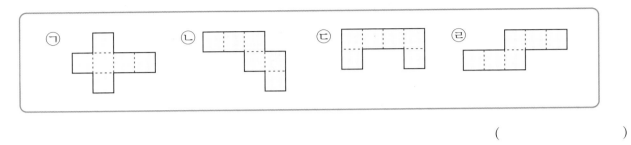

(   )

[2 ~ 4] 다음 전개도를 접어서 직육면체를 만들었습니다. 물음에 답하세요.

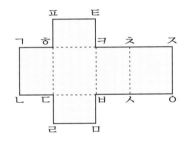

2 면 ㄱㄴㄷㅎ과 평행한 면은 어느 것인가요?

(   )

3 면 ㅎㄷㅂㅋ과 수직인 면은 모두 몇 개인가요?

(   )

4 선분 ㄱㄴ과 서로 겹치는 모서리는 어느 것인가요?

(   )

5 주사위의 전개도입니다. 마주 보는 두 면의 눈의 수의 합이 **7**일 때 전개도의 빈 곳에 주사위의 눈을 그려 넣으세요.

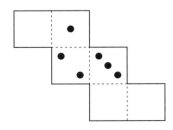

정답 28쪽

01 다음 중 직육면체는 어느 것인가요?
····················( )

① ② ③

④ ⑤

02 직육면체를 보고 물음에 답하세요.

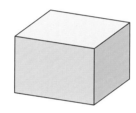

(1) 보이는 면은 몇 개인가요?
( )

(2) 보이는 모서리는 몇 개인가요?
( )

(3) 보이는 꼭짓점은 몇 개인가요?
( )

03 정육면체를 찾아 기호를 써 보세요.

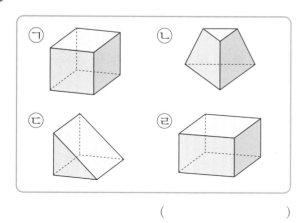

( )

04 직육면체와 정육면체에 관한 설명입니다. 틀린 것은 어느 것인가요? ……( )

① 직육면체는 정육면체라고 할 수 있습니다.
② 직육면체는 면이 6개입니다.
③ 정육면체는 꼭짓점이 8개입니다.
④ 직육면체의 면은 모두 직사각형입니다.
⑤ 정육면체는 모서리의 길이가 모두 같습니다.

05 직육면체에서 길이가 6 cm인 모서리는 모두 몇 개인가요?

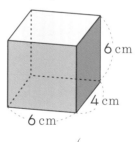

6 cm
4 cm
6 cm

( )

06 직육면체를 보고 □ 안에 알맞은 수를 써넣으세요.

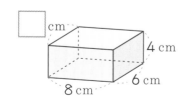

□ cm
4 cm
6 cm
8 cm

07 정육면체를 보고 □ 안에 알맞은 수를 써 넣으세요.

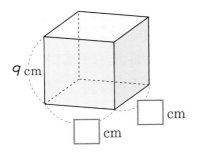

9 cm

□ cm

□ cm

 서술형

08 정육면체의 모서리의 길이를 모두 더하면 몇 cm인지 풀이 과정을 쓰고 답을 구해 보세요.

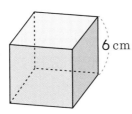

6 cm

풀이 과정

답

09 정육면체에서 보이지 않는 모서리의 길이의 합은 몇 cm인가요?

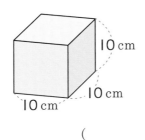

10 cm

10 cm

10 cm

( )

10 직육면체에서 모서리의 길이를 모두 더하면 몇 cm인가요?

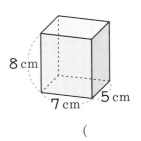

8 cm

7 cm 5 cm

( )

11 직육면체의 겨냥도를 바르게 그린 것은 어느 것인가요? ·····················( )

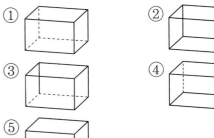

① ②

③ ④

⑤

12 빠진 부분을 그려 넣어 직육면체의 겨냥도를 완성해 보세요.

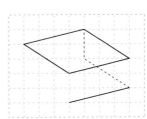

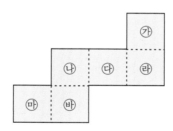
13 직육면체의 겨냥도를 보고 물음에 답하세요.

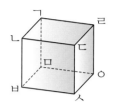

(1) 보이지 않는 꼭짓점을 찾아 써 보세요.

( )

(2) 보이지 않는 모서리를 모두 찾아 써 보세요.

( )

14 직육면체에서 그 수가 가장 많은 것부터 차례로 기호를 써 보세요.

> ㉠ 겨냥도에서 보이는 꼭짓점의 수
> ㉡ 겨냥도에서 보이는 면의 수
> ㉢ 겨냥도에서 보이는 모서리의 수

( )

[15 ~ 17] 전개도를 접어서 직육면체를 만들었습니다. 물음에 답하세요.

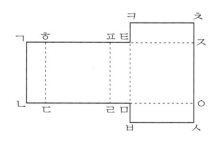

15 점 ㅋ과 만나는 점을 찾아 써 보세요.

( )

16 선분 ㅋㅊ과 겹치는 선분을 찾아 써 보세요.

( )

17 선분 ㅇㅈ과 길이가 같은 선분은 몇 개 더 있나요?

( )

[18 ~ 19] 전개도를 접어서 정육면체를 만들었습니다. 물음에 답하세요.

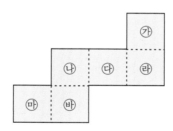

18 면 ㉮와 평행한 면을 찾아 써 보세요.

( )

19 면 ㉯와 수직인 면을 모두 찾아 써 보세요.

( )

20 직육면체의 전개도입니다. □ 안에 알맞은 수를 써넣으세요.

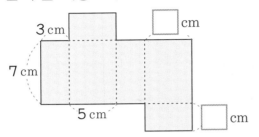

21 주사위의 전개도에서 마주 보는 면의 눈의 수의 합은 7입니다. 주사위의 눈을 6개 그려야 하는 면은 어느 것인가요?

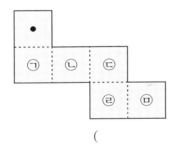

( )

22 직육면체의 전개도를 그려 보세요.

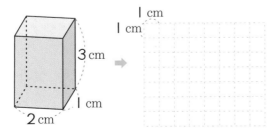

23 직육면체의 겨냥도에서 보이는 모서리가 아닌 것은 어느 것인가요? ·········( )

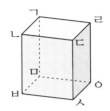

① 모서리 ㅅㅇ   ② 모서리 ㄹㅇ
③ 모서리 ㄴㄷ   ④ 모서리 ㅁㅂ
⑤ 모서리 ㄱㄹ

24 정육면체를 보고 면, 모서리, 꼭짓점의 수를 각각 세어 보세요.

	면	모서리	꼭짓점
수(개)			

25 직육면체의 전개도에서 ㉠, ㉡, ㉢의 길이를 각각 구해 보세요.

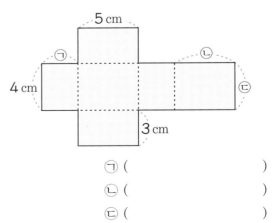

㉠ ( )
㉡ ( )
㉢ ( )

6 평균과 가능성

① 평균 알고 구하기
② 평균을 이용하여 문제 해결하기
③ 일이 일어날 가능성

① 평균 알고 구하기

★ **평균 알아보기**

5학년 학급별 학생 수

학급(반)	1	2	3	4	5
학생 수(명)	34	36	33	37	35

- 5학년 각 반의 학생 수가 다릅니다.
- 한 학급당 학생 수는 몇 명씩이라고 할 수 있는지 알아보려고 합니다.

> 5학년 반별 학생 수 34, 36, 33, 37, 35 를 모두 더해 자료의 수 5로 나눈 수 35는 5학년 반별 학생 수를 대표하는 값으로 정할 수 있습니다. 이 값을 평균이라고 합니다.

★ **평균 구하기**

자료의 값을 모두 더해 자료의 수로 나누면 평균을 구할 수 있습니다.
(왼쪽 표에서)
- 5학년 학생 수의 합 구하기:
  34+36+33+37+35=175(명)
- 학급 수: 5개
- 평균 구하기: 175÷5=35(명)
  → 5학년 학생 수의 합을 학급 수로 나눕니다.
➡ 한 학급당 학생 수는 35명씩이라고 말할 수 있습니다.

> (평균)=(자료의 값을 모두 더한 수)÷(자료의 수)

---

1 표를 보고 □ 안에 알맞은 수나 말을 써넣으세요.

5학년 반별 학생 수

학급(반)	1	2	3	4	5
학생 수(명)	34	35	33	36	32

(1) 5학년 전체 학생은

  34+□+33+□+32

  =□(명)입니다.

(2) 5학년은 1반부터 5반까지 □개의 반이 있습니다.

(3) 한 반의 학생 수의 평균은

  □÷□=□(명)입니다.

(4) 각 자료의 값을 모두 더하여 자료의 수로 나눈 값을 □이라고 합니다.

2 표를 보고 □ 안에 알맞은 수나 말을 써넣으세요.

민성이의 과목별 성적

과목	국어	수학	사회	과학
점수(점)	84	92	80	84

(1) 민성이의 과목별 성적을 모두 더하면

  84+92+□+□=□(점)입니다.

(2) 시험은 □개 과목을 보았습니다.

(3) 과목별 성적의 평균은

  □÷□=□(점)입니다.

(4) 평균보다 높은 점수를 받은 과목은 □입니다.

문제가 쉽다

❀ 정답 28쪽

1 가준이가 노래를 불러서 얻은 점수를 나타낸 표입니다. 노래 점수의 평균은 몇 점인지 □ 안에 알맞은 수를 써넣으세요.

얻은 노래 점수

횟수	1	2	3	4
점수(점)	92	86	88	90

(평균)＝(92+86+□+90)÷4

＝□÷4＝□(점)

[2 ~ 4] 5일 동안 컴퓨터실을 이용한 학생 수를 조사하여 나타낸 표입니다. 물음에 답하세요.

컴퓨터실을 이용한 학생 수

요일	월	화	수	목	금
학생 수(명)	89	92	95	98	116

2 5일 동안 컴퓨터실을 이용한 학생은 모두 몇 명인가요?

( )

3 조사한 날은 며칠인가요?

( )

4 하루에 컴퓨터실을 이용한 학생 수의 평균은 몇 명인가요?

( )

[5 ~ 6] 수현이네 모둠 학생들이 1분 동안 한 윗몸 일으키기입니다. 수현이네 모둠 학생들이 한 윗몸 일으키기의 평균은 30번입니다. 물음에 답하세요.

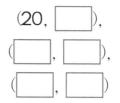

20번 18번 32번
40번 42번 28번

5 2개씩 묶어 평균 30번이 되려면 2개의 합이 얼마가 되어야 하나요?

( )

6 평균 30번이 되도록 2개씩 묶어 보세요.

(20, □),

(□, □),

(□, □)

7 독서 모임 회원의 나이를 조사하였더니 다음과 같았습니다. 독서 모임 회원의 나이의 평균은 몇 살인가요?

| 8살 | 10살 | 12살 | 14살 | 16살 |

( )

② 평균을 이용하여 문제 해결하기

★ 평균 비교하기

제기차기 기록

회	민상	진철	윤승
1회	6번	2번	2번
2회	0번	2번	3번
3회	4번	3번	4번
4회	2번	1번	7번

제기차기 평균

이름	민상	진철	윤승
평균	3번	2번	4번

➡ 제기차기 평균이 가장 많은 사람이 대표 선수가 될 때 제기차기 대표는 윤승이가 되어야 합니다.

★ 평균을 이용하여 문제 해결하기

• 두 사람의 윗몸 일으키기 평균이 같을 때 민호의 2회의 기록 알기

다혜의 윗몸 일으키기

회	윗몸 일으키기
1회	29번
2회	31번
3회	24번
4회	36번

민호의 윗몸 일으키기

회	윗몸 일으키기
1회	30번
2회	?
3회	28번
4회	33번
5회	42번

① (다혜의 평균) $= (29+31+24+36) \div 4$
  $= 30$(번)
② (민호의 기록의 합) $= 30 \times 5 = 150$(번)
③ (민호의 2회 기록)
  $= 150 - (30+28+33+42) = 17$(번)

[1 ~ 4] 경민이네 모둠 학생들이 다트 대표 선수를 뽑으려고 합니다. 표를 보고 물음에 답하세요.

다트 기록

회	경민	미연	은정
1회	4점	6점	2점
2회	7점	7점	9점
3회	5점	8점	8점
4회	8점	7점	5점

1 경민이의 평균 기록은 몇 점인가요?

( )

2 미연이의 평균 기록은 몇 점인가요?

( )

3 은정이의 평균 기록은 몇 점인가요?

( )

4 세 사람의 평균을 비교했을 때 다트 대표 선수는 ☐ 이가 되어야 합니다.

문제가 쉽다

✿ 정답 29쪽

[1 ~ 4] 정호와 신수의 팔 굽혀 펴기 기록입니다. 두 사람의 팔 굽혀 펴기 기록의 평균이 같을 때 신수가 5회에 한 팔 굽혀 펴기는 몇 번인지 알아보세요.

정호의 팔 굽혀 펴기 기록

회	팔 굽혀 펴기
1회	30번
2회	25번
3회	19번
4회	18번

신수의 팔 굽혀 펴기 기록

회	팔 굽혀 펴기
1회	17번
2회	20번
3회	23번
4회	26번
5회	?

1 문제를 해결하기 위해 먼저 알아야 하는 것은 무엇인가요?

( )

2 정호의 팔 굽혀 펴기 기록의 평균은 몇 번인가요?

( )

3 신수의 팔 굽혀 펴기 기록의 합은 모두 몇 번인가요?

( )

4 신수는 5회에 팔 굽혀 펴기를 몇 번 했나요?

( )

[5 ~ 7] 민재네 모둠과 현서네 모둠이 단체 줄넘기를 한 결과를 나타낸 표입니다. 물음에 답하세요.

단체 줄넘기

회	1회	2회	3회
민재네 모둠의 단체 줄넘기	13번	42번	20번
현서네 모둠의 단체 줄넘기	16번	35번	27번

5 민재네 모둠의 단체 줄넘기의 평균은 몇 번인가요?

( )

6 현서네 모둠의 단체 줄넘기의 평균은 몇 번인가요?

( )

7 어느 모둠의 단체 줄넘기의 평균이 몇 번 더 많나요?

(,)

1단계 개념이 쉽다

❸ 일이 일어날 가능성

★ **일이 일어날 가능성을 말로 표현하기**

가능성은 어떠한 상황에서 특정한 일이 일어나길 기대할 수 있는 정도를 말합니다.
가능성의 정도는 불가능하다, ~아닐 것 같다, 반반이다, ~일 것 같다, 확실하다 등으로 표현할 수 있습니다.

사건	불가능 하다	반반 이다	확실 하다
주사위를 던지면 7의 눈이 나올 것입니다.	○		
동전을 던지면 그림 면이 나올 것입니다.		○	
내 친구 중에 나와 나이가 같은 사람이 있을 것입니다.			○

★ **일이 일어날 가능성을 수로 표현하기**

• 화살이 파란색에 멈출 가능성을 수로 표현하기

가: 화살이 파란색에 멈출 가능성은 '불가능하다' 이므로 수로 표현하면 0입니다.

나: 화살이 파란색에 멈출 가능성은 '반반이다' 이므로 수로 표현하면 $\frac{1}{2}$입니다.

다: 화살이 파란색에 멈출 가능성은 '확실하다' 이므로 수로 표현하면 1입니다.

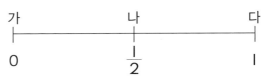

1 일이 일어날 가능성을 생각해 보고, 알맞게 표현하는 곳에 ○표 하세요.

사건	불가능 하다	반반 이다	확실 하다
우리집 강아지는 고양이 새끼를 낳을 것입니다.			
주사위를 던지면 짝수의 눈이 나올 것입니다.			
내일은 서쪽으로 해가 질 것입니다.			
367명의 학생 중 생일이 같은 사람이 있을 것입니다.			

2 주머니 속에 흰색 바둑돌이 1개, 검은색 바둑돌이 1개 있습니다. 그중에서 1개를 꺼냈을 때 물음에 답하세요.

(1) 꺼낸 바둑돌이 흰색일 가능성을 수로 표현해 보세요.

(   )

(2) 꺼낸 바둑돌이 검은색일 가능성을 수로 표현해 보세요.

(   )

(3) 꺼낸 바둑돌이 파란색일 가능성을 수로 표현해 보세요.

(   )

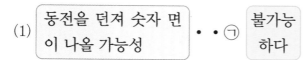
1 다음 일이 일어날 가능성을 생각하여 알맞게 선으로 이어 보세요.

(1) 동전을 던져 숫자 면이 나올 가능성 ・ ・㉠ 불가능하다

(2) 내년 2월은 30일까지 있을 가능성 ・ ・㉡ 반반이다

(3) 한 명의 아이가 태어날 때 여자일 가능성 ・ ・㉢ 확실하다

2 일이 일어날 가능성을 0부터 1 사이의 수로 표현하려고 합니다. □ 안에 알맞은 수를 써넣으세요.

불가능하다　　　반반이다　　　확실하다

0　　　　□　　　　□

3 주머니 속에 파란 구슬 1개와 노란 구슬 1개가 들어 있습니다. 그중에서 1개를 꺼냈을 때 노란 구슬일 가능성을 수로 표현해 보세요.

(　　　　　)

4 계산기로 '4', '+', '7', '='을 순서대로 누르면 10이 나올 가능성을 수로 표현해 보세요.

(　　　　　)

5 사건이 일어날 가능성이 확실한 것을 찾아 기호를 써 보세요.

㉠ 동전을 던졌을 때 숫자 면이 나올 가능성
㉡ 흰색 바둑돌만 2개 들어 있는 주머니에서 꺼낸 바둑돌이 흰색일 가능성
㉢ 내일 눈이 올 가능성

(　　　　　)

6 상자 안에 포도 맛 사탕 2개와 딸기 맛 사탕 2개가 있습니다. 상자에서 사탕 1개를 꺼낼 때 꺼낸 사탕이 포도 맛 사탕일 가능성을 수로 표현해 보세요.

(　　　　　)

[1 ~ 2] 선주의 국어, 수학, 사회, 과학 성적을 나타낸 표입니다. 물음에 답하세요.

선주의 성적

과목	국어	수학	사회	과학
점수(점)	86	92	88	94

1 선주의 네 과목의 점수의 합은 몇 점인가요?

$$\boxed{}+\boxed{}+\boxed{}+\boxed{}=\boxed{}\text{(점)}$$

2 선주의 성적의 평균은 몇 점인가요?

$$\boxed{}\div\boxed{}=\boxed{}\text{(점)}$$

3 서연이네 모둠이 1분 동안 한 윗몸 일으키기 기록을 나타낸 표입니다. 윗몸 일으키기 기록의 평균을 구해 보세요.

윗몸 일으키기 기록

이름	서연	현준	지은	성훈
윗몸 일으키기 기록(번)	32	35	32	29

$$(\boxed{}+\boxed{}+\boxed{}+\boxed{})\div\boxed{}=\boxed{}\div\boxed{}=\boxed{}\text{(번)}$$

4 준영이네 학교 5학년 반별 학생 수를 나타낸 표입니다. 반별 학생 수의 평균을 구해 보세요.

학생 수

반	1	2	3	4	5
학생 수(명)	24	26	25	23	22

$$(\boxed{}+\boxed{}+\boxed{}+\boxed{}+\boxed{})\div\boxed{}=\boxed{}\div\boxed{}=\boxed{}\text{(명)}$$

🌸 정답 29쪽

[1 ~ 3] 지난주 월요일부터 금요일까지 최고 기온을 나타낸 표입니다. 물음에 답하세요.

요일별 최고 기온

요일	월	화	수	목	금
기온(℃)	6	8	9	5	7

1 지난주 요일별 최고 기온을 막대그래프로 나타내어 보세요.

요일별 최고 기온

2 위 **1**의 그래프에서 막대의 높이를 고르게 해 보세요.

요일별 최고 기온

3 지난주 요일별 최고 기온의 평균은 몇 ℃인가요?

(   )

4 세희네 모둠 학생들이 마신 우유의 양을 나타낸 표입니다. 세희네 모둠 학생들이 마신 우유의 양의 평균을 구해 보세요.

세희네 모둠 학생들이 마신 우유의 양

이름	세희	준우	영진	서연
우유의 양(mL)	200	180	250	350

(☐ + ☐ + ☐ + ☐) ÷ ☐ = ☐ ÷ ☐ = ☐ (mL)

6 단원

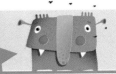

2단계 계산이 쉽다

평균을 이용하여 문제 해결하기

[1 ~ 2] 예준이네 학교 학년별 학생 수를 나타낸 표입니다. 학년별 학생 수의 평균이 156명 일 때 물음에 답하세요.

학생 수

학년	1	2	3	4	5	6
학생 수(명)	134	148	165	158	152	

1 예준이네 학교 전체 학생 수는 몇 명인가요?

(   )

2 6학년 학생 수는 몇 명인가요?

(   )

[3 ~ 5] 윤정이네 모둠과 선우네 모둠이 넘은 단체 줄넘기입니다. 물음에 답하세요.

윤정이네 모둠

28, 15, 36, 14, 32

선우네 모둠

29, 12, 37, 18, 34

3 윤정이네 모둠의 단체 줄넘기 평균은 몇 번인가요?

(   )

4 선우네 모둠의 단체 줄넘기 평균은 몇 번인가요?

(   )

5 어느 모둠의 단체 줄넘기 평균이 몇 번 더 많은가요?

(,   )

6 봉사 동아리 회원의 나이를 나타낸 표입니다. 회원의 평균 나이가 14살일 때 정훈이의 나이는 몇 살인가요?

봉사 동아리 회원의 나이

이름	연재	미수	지호	정훈	윤아
나이(살)	15	12	13		16

(   )

일이 일어날 가능성

🌸 정답 30쪽

1 □ 안에 일이 일어날 가능성의 정도를 알맞게 써넣으세요.

~아닐 것 같다	[ ]

[   ]　　　반반이다　　　확실하다

2 일이 일어날 가능성을 생각해 보고 알맞게 표현한 곳에 ◯표 하세요

일 ＼ 가능성	불가능하다	~아닐 것 같다	반반이다	~일 것 같다.	확실하다
내일 아침에 서쪽에서 해가 뜰 것입니다.					
주사위를 1번 굴리면 주사위의 눈의 수가 5가 나올 것입니다.					
동전 1개를 던지면 숫자 면이 나올 것입니다.					
12월 31일 다음날은 1월 1일일 것입니다.					

3 회전판을 돌렸을 때 화살이 빨간색에 멈출 가능성이 큰 순서대로 기호를 써 보세요.

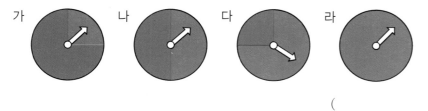

가　　나　　다　　라

(　　　　　　　　　)

일이 일어날 가능성을 수로 표현하기

[1 ~ 2] 주머니 속에 파란색 구슬 2개가 있습니다. 주머니에서 구슬 1개를 꺼낼 때 물음에 답하세요.

1 꺼낸 구슬이 파란색일 가능성을 수로 표현해 보세요.

( )

2 꺼낸 구슬이 빨간색일 가능성을 수로 표현해 보세요.

( )

[3 ~ 4] 주머니 속에 흰색 구슬 1개와 노란색 구슬 1개가 있습니다. 주머니에서 구슬 1개를 꺼낼 때 물음에 답하세요.

3 꺼낸 구슬이 흰색일 가능성을 수로 표현해 보세요.

( )

4 꺼낸 구슬이 노란색일 가능성을 수로 표현해 보세요.

( )

[5 ~ 7] 주머니 속에 노란색 구슬 2개와 파란색 구슬 2개가 있습니다. 주머니에서 구슬 1개를 꺼낼 때 물음에 답하세요.

5 꺼낸 구슬이 노란색일 가능성을 수로 표현해 보세요.

( )

6 꺼낸 구슬이 파란색일 가능성을 수로 표현해 보세요.

( )

7 꺼낸 구슬이 검은색일 가능성을 수로 표현해 보세요.

( )

[1 ~ 3] 지영이네 학교의 월별 보건실을 이용한 학생 수를 조사하여 나타낸 표입니다. 물음에 답하세요.

보건실을 이용한 학생 수

월	3	4	5	6	7
학생 수(명)	216	198	195	220	186

01 3월부터 7월까지 보건실을 이용한 학생은 모두 몇 명인가요?

( )

02 보건실을 이용한 학생 수를 조사한 기간은 모두 몇 개월인가요?

( )

03 3월부터 7월까지 월별 보건실을 이용한 학생 수의 평균은 몇 명인가요?

( )

04 학생들의 몸무게를 조사하여 나타낸 표입니다. 몸무게의 평균을 구해 보세요.

학생들의 몸무게

이름	민수	창호	상윤	진아	은미
몸무게(kg)	32.4	42.8	36.8	40.2	37.8

( )

[5 ~ 6] 민영이네 모둠 학생들의 몸무게를 조사한 표입니다. 물음에 답하세요.

학생들의 몸무게

이름	민영	규성	보람	승우	미경
몸무게(kg)	35	33	38	42	37

05 학생들의 몸무게의 평균은 몇 kg인가요?

( )

06 몸무게가 평균보다 가벼운 학생을 모두 써 보세요.

( )

6 단원

[7 ~ 8] 윤진이의 평균 점수는 87점입니다. 표를 보고 물음에 답하세요.

윤진이의 성적

과목	국어	수학	사회	과학
점수(점)	90		84	82

07 총점은 몇 점인가요?

( )

08 수학 점수는 몇 점인가요?

( )

09 민수네 모둠의 윗몸 일으키기 기록의 평균은 38번입니다. 민수가 한 윗몸 일으키기는 몇 번인지 풀이 과정을 쓰고 답을 구해 보세요.

윗몸 일으키기 기록

이름	민수	윤서	예은	서진
기록(번)		40	39	34

풀이 과정

_____

_____

_____

_____

💬답 _____

[10 ~ 11] 용석이의 중간고사 점수를 나타낸 표입니다. 용석이가 다음 시험에서 점수의 평균을 5점 올릴 수 있는 방법을 알아보세요.

중간고사 점수

과목	국어	수학	사회	과학
점수(점)	90	90	80	60

10 용석이의 중간고사 점수의 평균은 몇 점인가요?

( )

11 용석이가 다음 시험에서 평균을 5점 올리기 위해서 총점은 몇 점 올려야 하나요?

□×□=□(점)

12 지은이가 5일 동안 한 줄넘기 기록을 나타낸 표입니다. 5일 동안 줄넘기 기록의 평균이 92번일 때 줄넘기를 두 번째로 많이 한 날은 무슨 요일인가요?

줄넘기 기록

요일	월	화	수	목	금
기록(번)	86	100	95	90	

( )

정답 30쪽

13 일이 일어날 가능성을 생각하여 알맞게 선으로 이어 보세요.

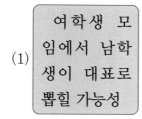

(1) 여학생 모임에서 남학생이 대표로 뽑힐 가능성

• ㉠ 확실하다

• ㉡ 반반이다

(2) 주사위를 굴렸을 때 짝수의 눈이 나올 가능성

• ㉢ 불가능하다

[14 ~ 15] 일이 일어날 가능성을 생각해 보고, 알맞게 표현한 곳에 ◯표 하세요.

14

주사위를 굴렸을 때 눈의 수가 6 이하일 가능성

불가능하다	~아닐 것 같다	반반이다	~일 것 같다	확실하다

15

은행에서 뽑은 대기 번호표의 번호가 홀수일 가능성

불가능하다	~아닐 것 같다	반반이다	~일 것 같다	확실하다

[16 ~ 17] 빨간색, 파란색으로 이루어진 회전판을 보고 물음에 답하세요.

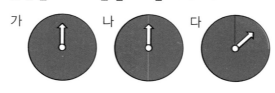

16 화살이 파란색 회전판에 멈추는 것이 확실한 회전판을 찾아 기호를 써 보세요.

( )

17 화살이 파란색에 멈출 가능성이 빨간색에 멈출 가능성보다 높은 회전판을 찾아 기호를 써 보세요.

( )

[18 ~ 19] 일이 일어날 가능성을 수직선에 ↓로 나타내어 보세요.

18

주사위를 굴렸을 때 홀수의 눈이 나올 가능성

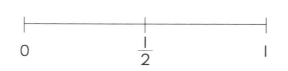

19

흰색 바둑돌만 들어 있는 통에서 바둑돌을 한 개 꺼낼 때 흰색 바둑돌을 꺼낼 가능성

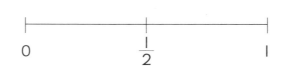

6 단원

[20 ~ 21] 주머니 속에 흰색 바둑돌 4개가 있습니다. 주머니에서 바둑돌 1개를 꺼낼 때 물음에 답하세요.

20 꺼낸 바둑돌이 흰색일 가능성을 수로 표현해 보세요.

( )

21 꺼낸 바둑돌이 검은색일 가능성을 수로 표현해 보세요.

( )

22 바구니에 빨간색 풍선 1개와 파란색 풍선 1개가 있습니다. 그중에서 1개를 꺼냈을 때 꺼낸 풍선이 빨간색일 가능성을 수로 표현해 보세요.

( )

학교시험 예상문제

23 다음 수들의 평균을 구해 보세요.

| 40 42 44 46 48 |

( )

24 일주일 동안 낳은 달걀 수를 조사하여 나타낸 표입니다. 하루에 평균 몇 개의 달걀을 낳았나요?

일주일 동안 낳은 달걀 수

요일	일	월	화	수	목	금	토
달걀 수(개)	42	35	36	38	45	51	40

( )

25 일이 일어날 가능성이 '확실하다'인 경우를 찾아 기호를 써 보세요.

> ㉠ 내일 비가 올 가능성
> ㉡ 주사위를 던졌을 때 1의 눈이 나올 가능성
> ㉢ 우리 반 학생 중 태어난 계절이 같은 학생이 있을 가능성

( )

수학이 좋아지는 **강추수학**

개념완성

워크북

수학이 **좋아**지는

워크북

1 쉬운 **개념 체크**

2 쉬운 **서술형**

5-2

수학이 **좋아**지는

워크북

워크북 수학이 좋아지는

- 쉬운 **개념 체크**

- 쉬운 **서술형**

5
학년

차례

1. 수의 범위와 어림하기 ···· 3

2. 분수의 곱셈 ··········· 9

3. 합동과 대칭 ·········· 15

4. 소수의 곱셈 ·········· 21

5. 직육면체 ············· 29

6. 평균과 가능성 ········ 35

1 -2

쉬운 개념 체크

이상과 이하 / 초과와 미만

정답 31쪽

[1 ~ 2] 아름이가 친구들의 키를 조사하여 나타낸 표입니다. 아름이의 키는 148 cm입니다. 물음에 답하세요.

이름	키(cm)	이름	키(cm)
다혜	146.7	영준	150.0
진희	157.2	신엽	146.0
현주	148.0	마리	147.5

1 아름이와 키가 같거나 큰 사람을 모두 찾아 써 보세요.

( )

2 아름이와 키가 같거나 작은 사람을 모두 찾아 써 보세요.

( )

[3 ~ 4] 수를 보고 물음에 답하세요.

13 15 17 27 18
5 22 21 20 16

3 16 이하인 수를 모두 찾아 써 보세요.

( )

4 17 이상 20 이하인 수를 모두 찾아 써 보세요.

( )

5 23 초과인 수에 ○표, 19 미만인 수에 △표 하세요.

18   23   19   34
39   21   20   17

6 16 초과인 수를 모두 찾아 써 보세요.

21 $9\frac{1}{4}$ 16 16.7 15 13.9

( )

7 21 초과 29.5 미만인 수를 모두 찾아 써 보세요.

$30\frac{1}{4}$ 21   20.8   24.7   28
21.9   30   16   29.5   26

( )

8 정원이 45명인 버스에 모두 57명이 탔습니다. 정원을 초과한 사람은 몇 명인가요?

( )

[1 ~ 2] 수를 보고 물음에 답하세요.

$$44.5 \quad 36.8 \quad 40 \quad 45\frac{1}{4} \quad 55 \quad 46$$

$$45 \quad 46\frac{1}{2} \quad 50.5 \quad 47 \quad 50 \quad 60$$

1 47 이상인 수를 모두 찾아 써 보세요.

( )

2 45 이상 50 미만인 수를 모두 찾아 써 보세요.

( )

3 수직선에 나타내어 보세요.

15 초과인 수

10 11 12 13 14 15 16 17 18 19 20

4 수직선에 나타낸 수의 범위를 써 보세요.

25 26 27 28 29 30 31 32

( )

[5 ~ 7] 줄넘기 급수 검정표에 따라 지영이네 반 학생들의 점수를 조사한 것입니다. 물음에 답하세요.

학생들의 줄넘기 검정 점수

이름	점수(점)	이름	점수(점)	이름	점수(점)
지영	29	영재	45	효정	32
현호	54	은지	42	종환	18
강희	6	아름	27	수림	14

줄넘기 급수 판정표

급수	점수(점)
특급	54이상
1급	42이상 54미만
2급	30이상 42미만
3급	18이상 30미만
4급	7이상 18미만
5급	7미만

5 특급을 받은 학생을 찾아 써 보세요.

( )

6 지영이와 같은 급수를 받은 학생을 모두 찾아 써 보세요.

( )

7 가장 많은 학생이 받은 급수는 어느 것인가요?

( )

1 수를 올림하여 백의 자리까지 나타내어 보세요.

(1) 371 ➡ _____

(2) 807 ➡ _____

2 수를 올림하여 천의 자리까지 나타내어 보세요.

(1) 4739 ➡ _____

(2) 2006 ➡ _____

3 지숙이네 반 학생은 모두 36명입니다. 한 사람에게 도화지를 4장씩 나누어 주려고 하는데, 도화지를 10장씩 묶음으로만 판다고 합니다. 도화지는 모두 몇 장을 사야 하나요?

(   )

4 기광이네 학교 4학년 학생 325명이 15명씩 앉을 수 있는 긴 의자에 모두 앉으려고 합니다. 긴 의자는 최소 몇 개가 필요하나요?

(   )

5 수를 버림하여 백의 자리까지 나타내어 보세요.

(1) 519 ➡ _____

(2) 326 ➡ _____

6 수를 버림하여 천의 자리까지 나타내어 보세요.

(1) 4201 ➡ _____

(2) 7000 ➡ _____

7 5장의 수 카드를 한 번씩 사용하여 만들 수 있는 가장 큰 다섯 자리 수를 버림하여 천의 자리까지 나타내어 보세요.

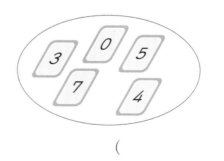

3 0 5 7 4

(   )

8 동전을 모은 저금통을 열어 세어 보니 모두 62710원이었습니다. 이것을 1000원짜리 지폐로 바꾸면 얼마까지 바꿀 수 있나요?

(   )

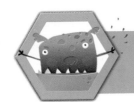
1 수를 반올림하여 백의 자리까지 나타내어 보세요.

(1) 4209 ➡ _____

(2) 6685 ➡ _____

2 수를 반올림하여 천의 자리까지 나타내어 보세요.

(1) 2500 ➡ _____

(2) 40300 ➡ _____

3 반올림하여 만의 자리까지 나타내어 보세요.

(1) 5218 ➡ _____

(2) 12906 ➡ _____

4 반올림하여 십의 자리까지 나타낸 수가 100이 되는 자연수는 모두 몇 개인가요?

( )

5 반올림하여 백의 자리까지 나타내면 7700이 되는 자연수 중에서 가장 작은 수는 얼마인가요?

( )

6 주머니 한 개를 다는 데 실이 100 cm 필요하다고 합니다. 실 570 cm로는 주머니를 최대 몇 개 달 수 있나요?

( )

7 양계장에서 오늘 낳은 달걀은 모두 2584개입니다. 이 달걀을 한 판에 10개씩 들어가는 판에 넣어 포장하려고 합니다. 달걀은 최대 몇 판에 넣을 수 있나요?

( )

8 물품을 포장하는 데 포장지 246장이 필요합니다. 포장지는 10장씩 묶음으로만 팔며 10장에 700원이라고 합니다. 물품을 모두 포장하려면 포장지를 사는 데 최소 얼마가 필요한가요?

( )

쉬운 서술형

정답 32쪽

1 이상과 이하

다음 중 10 이상 15 이하인 수는 모두 몇 개인지 풀이 과정을 쓰고 답을 구해 보세요.

$$15\frac{1}{2} \qquad 12 \qquad 8 \qquad 21.03$$

$$17.3 \qquad 11.6 \qquad 10 \qquad 13\frac{1}{5}$$

풀이 과정

10과 같거나 큰 수를 10 [ ]인 수라고 하고 15와 같거나 [ ] 수를 15 이하 인 수라고 합니다. 따라서 10 이상 15 이하인 수는 [ ], [ ], [ ], [ ]로 모두 [ ]개입니다.

답

2 초과와 미만

수직선에 나타낸 수의 범위에 속하는 자연수는 4개입니다. ㉠에 알맞은 자연수는 얼마인 지 풀이 과정을 쓰고 답을 구해 보세요.

풀이 과정

수직선에 나타난 수의 범위는 17 [ ] ㉠ [ ]인 수입니다.
범위에 속하는 자연수는 4개이므로 [ ], [ ], [ ], [ ]입니다.
따라서 ㉠에 알맞은 자연수는 [ ]입니다.

답

3 버림

선물 상자 하나를 포장하려면 10 cm의 리본이 필요합니다. 리본 375 cm로는 선물 상자를 최대 몇 개까지 포장할 수 있는지 풀이 과정을 쓰고 답을 구해 보세요.

풀이 과정

리본 375 cm로 선물 상자 ☐ 개를 포장하면 리본 ☐ cm가 남습니다.

남은 ☐ cm로는 상자를 포장할 수 없으므로 상자를 최대 ☐ 개까지 포장할 수 있습니다.

답 _____

4 반올림

다음 중 반올림하여 십의 자리까지 나타내었을 때 170이 되는 수를 모두 찾으려고 합니다. 풀이 과정을 쓰고 답을 구해 보세요.

> 160　　165　　169　　170
> 　　174　　175　　177

풀이 과정

구하려는 자리 바로 아래 자리의 숫자가 0, ☐, ☐, ☐, ☐ 이면 버리고, ☐, ☐, ☐, ☐, ☐ 이면 올리는 방법을 반올림이라고 합니다.

따라서 반올림하여 십의 자리까지 나타내었을 때 170이 되는 수는 ☐, ☐, ☐, ☐ 입니다.

답 _____

1 □ 안에 알맞은 수를 써넣으세요.

(1) $\dfrac{3}{4}\times 6=\dfrac{3\times\square}{4}=\dfrac{18}{4}=\dfrac{\square}{2}$

$=\square$

(2) $\dfrac{5}{8}\times\overset{\square}{6}=\dfrac{\square}{4}=\square$

2 □ 안에 알맞은 수를 써넣으세요.

(1) $3\dfrac{1}{2}\times 5=(3\times 5)+\left(\dfrac{\square}{\square}\times 5\right)$

$=\square+\dfrac{\square}{2}$

$=\square+\square\dfrac{\square}{2}=\square$

(2) $2\dfrac{5}{6}\times 4=\dfrac{\square}{6}\times\overset{\square}{4}$

$=\dfrac{\square}{\square}=\square$

3 계산해 보세요.

(1) $\dfrac{3}{4}\times 3$

(2) $\dfrac{5}{8}\times 4$

(3) $\dfrac{3}{7}\times 21$

4 빈칸에 알맞은 수를 써넣으세요.

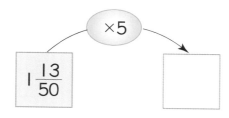

5 한 봉지에 $\dfrac{2}{5}$ kg씩 들어 있는 사탕이 20 봉지 있습니다. 사탕은 모두 몇 kg인가요?

( )

6 은민이가 하루에 물을 $1\dfrac{2}{3}$ L씩 마신다면 15일 동안에 마시는 물은 모두 몇 L인가요?

( )

7 정삼각형의 둘레는 몇 cm인가요?

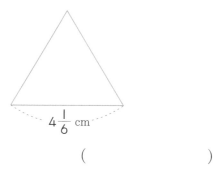

( )

1 □ 안에 알맞은 수를 써넣으세요.

(1) $9 \times \dfrac{5}{12} = \dfrac{\overset{\square}{\cancel{9}} \times \square}{\cancel{12}} = \dfrac{\square}{\square} = \square$

(2) $3 \times 5\dfrac{3}{4} = (3 \times 5) + \left(3 \times \dfrac{\square}{\square}\right)$

$= \square + \dfrac{\square}{4}$

$= \square + \square\dfrac{\square}{4} = \square$

2 계산해 보세요.

(1) $15 \times \dfrac{3}{5}$

(2) $21 \times \dfrac{7}{9}$

(3) $5 \times 3\dfrac{2}{15}$

3 빈칸에 알맞은 수를 써넣으세요.

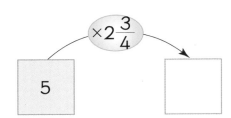

4 계산 결과를 비교하여 ○ 안에 >, =, <를 알맞게 써넣으세요.

$8 \times 4\dfrac{4}{7} \bigcirc 7 \times 5\dfrac{1}{14}$

5 태영이는 6 km 떨어진 외할아버지 댁에 가는 데 전체의 $\dfrac{5}{9}$ 는 지하철을 타고 갔습니다. 태영이가 지하철을 타고 간 거리는 몇 km인가요?

(   )

6 준이는 구슬을 28개 가지고 있습니다. 그 중에서 동생에게 $\dfrac{4}{7}$ 만큼 주었습니다. 준이에게 남은 구슬은 몇 개인가요?

(   )

7 가와 나 상자가 있습니다. 가 상자의 무게는 35 kg이고, 나 상자의 무게는 가 상자의 무게의 $2\dfrac{1}{5}$ 배입니다. 나 상자의 무게는 몇 kg인가요?

(   )

정답 33쪽

1 계산해 보세요.

(1) $\dfrac{1}{5} \times \dfrac{1}{7}$

(2) $\dfrac{1}{8} \times \dfrac{1}{15}$

(3) $\dfrac{1}{9} \times \dfrac{1}{12}$

2 □ 안에 알맞은 수를 써넣으세요.

(1) $\dfrac{3}{8} \times \dfrac{5}{6} = \dfrac{3 \times \boxed{}}{\boxed{} \times 6} = \boxed{}$

(2) $\dfrac{5}{6} \times \dfrac{7}{10} = \boxed{}$

3 □ 안에 들어갈 수 있는 자연수는 모두 몇 개인가요?

$$\dfrac{1}{4} \times \dfrac{1}{5} < \dfrac{1}{\boxed{}}$$

(   )

4 빈칸에 알맞은 수를 써넣으세요.

$\boxed{\dfrac{3}{4}}$ ➡ $\left(\times\dfrac{4}{7}\right)$ ➡ $\left(\times 28\right)$ ➡ $\boxed{}$

5 학급 신문의 $\dfrac{1}{2}$은 학습 내용으로 꾸미고, 학습 내용의 $\dfrac{1}{3}$은 과학 상식을 싣기로 하였습니다. 과학 상식은 학급 신문 전체의 몇 분의 몇을 차지하나요?

(   )

6 어떤 수를 $\dfrac{2}{3}$로 나누었더니 $\dfrac{8}{15}$이 되었습니다. 어떤 수는 얼마인가요?

(   )

7 철사 $\dfrac{4}{5}$ m의 $\dfrac{5}{6}$를 가지고 고리를 만들었습니다. 고리를 만드는 데 사용한 철사는 몇 m인가요?

(   )

1 □ 안에 알맞은 수를 써넣으세요.

(1) $4\dfrac{2}{3} \times 2\dfrac{1}{6} = \dfrac{\boxed{}}{3} \times \dfrac{\boxed{}}{6}$

$= \dfrac{\boxed{} \times \boxed{}}{3 \times 6}$

$= \dfrac{\boxed{}}{9} = \boxed{}$

(2) $\dfrac{1}{3} \times \dfrac{3}{4} \times \dfrac{2}{5} = \left(\dfrac{1}{3} \times \dfrac{3}{4}\right) \times \dfrac{2}{5}$

$= \dfrac{\boxed{}}{\boxed{}} \times \dfrac{2}{5} = \boxed{}$

2 계산해 보세요.

(1) $2\dfrac{2}{3} \times 4\dfrac{1}{2}$

(2) $3\dfrac{1}{5} \times 1\dfrac{5}{8}$

(3) $\dfrac{4}{5} \times \dfrac{2}{3} \times \dfrac{3}{7}$

3 굵기가 일정한 철근 1 m의 무게는 $1\dfrac{3}{5}$ kg 입니다. 이 철근 $5\dfrac{3}{4}$ m의 무게는 몇 kg인가요?

(　　　　　　　)

4 직사각형의 넓이를 구하려고 합니다. □ 안에 알맞은 수를 써넣으세요.

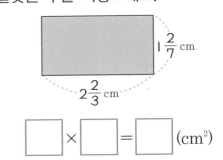

$1\dfrac{2}{7}$ cm

$2\dfrac{2}{3}$ cm

$\boxed{} \times \boxed{} = \boxed{}$ (cm²)

5 미수의 몸무게는 $35\dfrac{1}{2}$ kg 이고, 아버지의 몸무게는 미수의 몸무게의 $2\dfrac{3}{7}$ 배 입니다. 아버지의 몸무게 는 몇 kg인가요?

(　　　　　　　)

6 윤정이는 가로가 $2\dfrac{2}{3}$ cm, 세로가 $1\dfrac{3}{4}$ cm 인 직사각형 모양의 타일의 반을 색칠하였 습니다. 윤정이가 색칠한 타일의 넓이는 몇 cm²인가요?

(　　　　　　　)

쉬운 서술형

❀ 정답 34쪽

1 (진분수)×(진분수)

한 사람에게 딸기를 $\dfrac{3}{5}$ kg씩 나누어 주려고 합니다. 20명에게 나누어 주려면 딸기가 몇 kg 필요한지 풀이 과정을 쓰고 답을 구해 보세요.

풀이 과정

(필요한 딸기의 무게)
=(한 사람에게 주는 딸기의 무게)×(사람 수)

$= \dfrac{3}{5} \times \dfrac{\boxed{}}{\boxed{}} = \boxed{}$ (kg)

답 _____

2 (진분수)×(대분수)

어떤 수는 48의 $\dfrac{1}{6}$ 입니다. 어떤 수의 $3\dfrac{3}{4}$ 배는 얼마인지 풀이 과정을 쓰고 답을 구해 보세요.

풀이 과정

(어떤 수)$= 48 \times \dfrac{\boxed{}}{\boxed{}} = \boxed{}$

따라서 어떤 수의 $3\dfrac{3}{4}$ 배는 $\boxed{} \times 3\dfrac{3}{4} = \boxed{} \times \dfrac{\boxed{}}{4} = \boxed{}$ 입니다.

답 _____

3 (단위분수)×(단위분수)

■에 알맞은 수 중 1보다 큰 자연수는 모두 몇 개인지 풀이 과정을 쓰고 답을 구해 보세요.

$$\frac{1}{4} \times \frac{1}{3} < \frac{1}{■}$$

풀이과정

$\dfrac{1}{4} \times \dfrac{1}{3} = \dfrac{1}{\boxed{}}$ 이므로 $\dfrac{1}{\boxed{}} < \dfrac{1}{■}$ 입니다.

단위분수는 분모가 (작을수록 , 클수록) 큰 수이므로 ■에 알맞은 1보다 큰 자연수는 2부터 $\boxed{}$ 까지 모두 $\boxed{}$ 개입니다.

답 _____

4 세 분수의 곱셈

벽에 한 변이 $2\dfrac{2}{5}$ cm인 정사각형 모양의 타일 15장을 겹치지 않게 붙였습니다. 타일을 붙인 벽의 넓이는 몇 cm²인지 풀이 과정을 쓰고 답을 구해 보세요.

풀이과정

타일을 붙인 벽의 넓이는 (타일의 넓이)×(타일의 수)이므로

$$2\dfrac{2}{5} \times 2\dfrac{2}{5} \times 15 = \dfrac{\boxed{}}{5} \times \dfrac{\boxed{}}{5} \times \dfrac{\boxed{}}{15}$$

$$= \dfrac{\boxed{}}{5} = \boxed{} \ (\text{cm}^2)\text{입니다.}$$

답 _____

쉬운 개념 체크

✿ 정답 34쪽

1 왼쪽 도형과 포개었을 때 완전히 겹치는 도형에 ◯표 하세요.

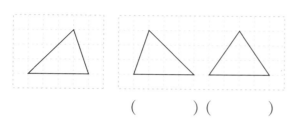

(   ) (   )

2 다음 두 도형과 같이 모양과 크기가 같아서 포개었을 때 완전히 겹치는 두 도형을 무엇이라고 하는지 써 보세요.

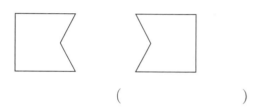

(   )

3 주어진 도형과 서로 합동인 도형을 찾아 기호를 써 보세요.

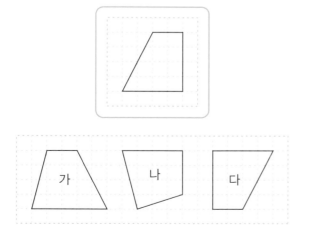

(   )

4 주어진 도형과 서로 합동인 도형을 그려 보세요.

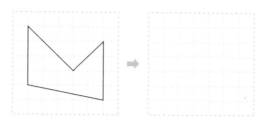

5 도형을 점선을 따라 잘랐을 때 만들어진 두 도형이 서로 합동인 것을 모두 찾아 기호를 써 보세요.

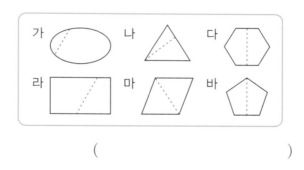

(   )

6 삼각형 ㄱㄴㄷ과 삼각형 ㄹㄷㄴ이 서로 합동일 때, 삼각형 ㄱㄴㅁ과 합동인 삼각형은 어느 것인가요?

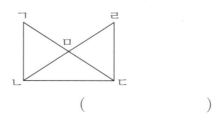

(   )

1 두 삼각형은 서로 합동입니다. 물음에 답하세요.

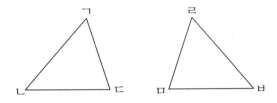

(1) 변 ㄱㄴ의 대응변을 찾아보세요.

(　　　　　　)

(2) 각 ㄹㅁㅂ의 대응각을 찾아보세요.

(　　　　　　)

(3) 대응점, 대응변, 대응각은 각각 몇 쌍씩 있나요?

(　　　　　　)

[2 ~ 3] 두 삼각형은 서로 합동입니다. 물음에 답하세요.

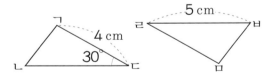

2 변 ㄴㄷ은 몇 cm인가요?

(　　　　　　)

3 각 ㅁㄹㅂ은 몇 도인가요?

(　　　　　　)

[4 ~ 5] 두 사각형은 서로 합동입니다. 물음에 답하세요.

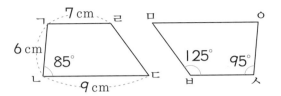

4 변 ㅁㅇ은 몇 cm인가요?

(　　　　　　)

5 각 ㅁㅇㅅ은 몇 도인가요?

(　　　　　　)

[6 ~ 7] 삼각형 ㄱㄴㄷ과 삼각형 ㄷㄹㅁ은 서로 합동입니다. 물음에 답하세요.

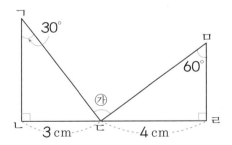

6 변 ㄱㄴ은 몇 cm인가요?

(　　　　　　)

7 각 ㄱㄷㅁ은 몇 도인가요?

(　　　　　　)

1 색종이를 반으로 접어서 오린 오른쪽 삼각형을 보고 □ 안에 알맞은 말을 써넣으세요.

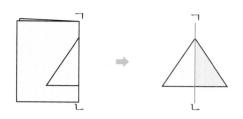

어떤 직선을 따라 접었을 때 완전히 겹치는 도형을 [   ](이)라고 합니다. 이때, 그 직선을 [   ](이)라고 합니다.

2 선대칭도형을 모두 찾아 기호를 써 보세요.

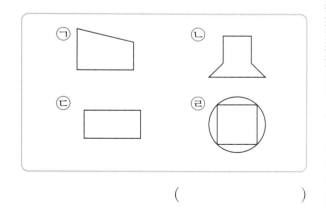

(   )

3 선대칭도형입니다. 대칭축은 모두 몇 개인가요?

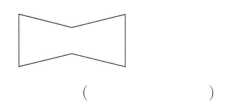

(   )

[4 ~ 5] 직선 ㄱㄴ을 대칭축으로 하는 선대칭도형입니다. 물음에 답하세요.

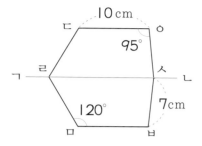

4 변 ㅁㅂ은 몇 cm인가요?

(   )

5 각 ㅁㅂㅅ은 몇 도인가요?

(   )

[6 ~ 7] 선대칭도형이 되도록 그림을 완성해 보세요.

6

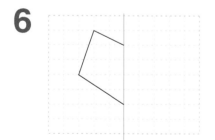

7

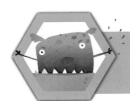
[1 ~ 2] 점대칭도형을 보고 물음에 답하세요.

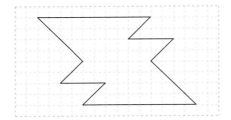

1 도형을 어떤 점을 중심으로 180° 돌렸을 때 처음 도형과 완전히 겹치게 하는 점 ㅇ 을 그려 넣으세요.

2 1에서 찾은 점 ㅇ을 무엇이라고 하나요?

( )

3 점대칭도형을 모두 찾아 기호를 써 보세요.

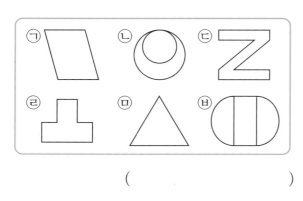

( )

[4 ~ 5] 점 ㅇ을 대칭의 중심으로 하는 점대칭도형입니다. 물음에 답하세요.

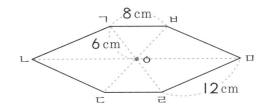

4 변 ㄱㄴ은 몇 cm인가요?

( )

5 선분 ㄱㄹ은 몇 cm인가요?

( )

[6 ~ 7] 점대칭도형이 되도록 그림을 완성해 보세요.

6

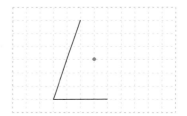

7

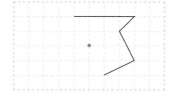

쉬운 서술형

정답 35쪽

1 | 합동인 도형의 성질

두 도형은 서로 합동입니다. 변 ㄷㄹ과 변 ㅂㅅ은 각각 몇 cm인지 풀이 과정을 쓰고 답을 구해 보세요.

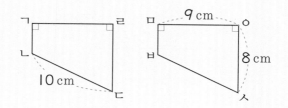

풀이 과정

합동인 도형에서 대응변의 길이는 같습니다. 변 ㄷㄹ의 대응변은 변 ☐ 이고, 변 ㅂㅅ의 대응변은 변 ☐ 입니다. 따라서 변 ㄷㄹ은 ☐ cm, 변 ㅂㅅ은 ☐ cm입니다.

답 변 ㄷㄹ : _____ , 변 ㅁㅅ : _____

2 | 합동인 도형의 성질

두 사각형은 서로 합동입니다. 사각형 ㄱㄴㄷㄹ의 둘레가 37 cm일 때 변 ㄱㄴ은 몇 cm인지 풀이 과정을 쓰고 답을 구해 보세요.

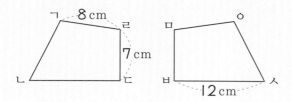

풀이 과정

합동인 도형에서 대응변의 길이는 서로 같으므로

(변 ㄴㄷ)=(변 ☐)=☐ cm입니다.

사각형 ㄱㄴㄷㄹ의 둘레가 37 cm이므로

(변 ㄱㄴ)=37−☐ −7−8=☐ (cm)입니다.

답 _____

3 선대칭도형과 그 성질

다음은 선대칭도형입니다. ㉠, ㉡에 알맞은 수는 얼마인지 풀이 과정을 쓰고 답을 구해 보세요.

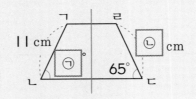

풀이과정

선대칭도형에서 [   ]의 크기와 대응변의 길이는 각각 서로 같습니다.

따라서 각 ㄱㄴㄷ의 대응각은 각 [   ]이므로 ㉠=[   ]이고,

변 ㄹㄷ의 대응변은 변 [   ]이므로 ㉡=[   ]입니다.

답 ㉠ _____ , ㉡ _____

4 점대칭도형과 그 성질

오른쪽 도형은 점 ㅇ를 대칭의 중심으로 하는 점대칭도형입니다. 점대칭도형의 둘레는 몇 cm인지 풀이 과정을 쓰고 답을 구해 보세요.

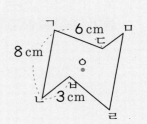

풀이과정

점대칭도형에서 대응변의 길이는 같으므로 (변 ㅂㄹ)=(변 [   ])=[   ]cm,

(변 ㄹㅁ)=(변 [   ])=[   ]cm, (변 ㅁㄷ)=(변 [   ])=[   ]cm입니다.

따라서 점대칭도형의 둘레는 8+3+6+[   ]+[   ]+[   ]=[   ](cm)입니다.

답 _____

쉬운 개념 체크

(소수)×(자연수)(1)

정답 35쪽

1 수직선을 보고 □ 안에 알맞은 수를 써넣으세요.

(1) 덧셈식으로 나타내면

$0.4+0.4+0.4=$ □ 입니다.

(2) 곱셈식으로 나타내면

$0.4×3=$ □ 입니다.

2 소수와 자연수의 곱셈을 여러 가지 방법으로 계산한 것입니다. □ 안에 알맞은 수를 써넣으세요.

$$0.9×4$$

(1) 덧셈식으로 계산하기

$0.9×4=0.9+$ □ $+$ □ $+$ □

$=$ □

(2) 분수의 곱셈으로 계산하기

$0.9×4=\dfrac{□}{10}×4=\dfrac{9×□}{10}$

$=\dfrac{□}{10}=$ □

(3) 0.1의 개수로 계산하기

0.9는 0.1이 □ 개입니다.

0.9×4는 0.1이 □ 개씩 □ 묶음입니다.

0.1이 모두 □ 개이므로

$0.9×4=$ □ 입니다.

3 보기 와 같이 소수를 분수로 고쳐서 계산해 보세요.

보기

$$0.3×7=\frac{3}{10}×7=\frac{3×7}{10}=\frac{21}{10}=2.1$$

$0.7×8$

_____

4 빈칸에 알맞은 수를 써넣으세요.

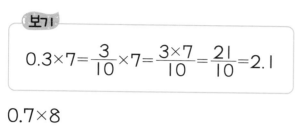

5 어림하여 계산 결과가 3보다 작은 것을 찾아 기호를 써 보세요.

㉠ 0.46×6
㉡ 0.62×5
㉢ 0.84×4

(   )

6 계산 결과를 비교하여 ◯ 안에 >, =, <를 알맞게 써넣으세요.

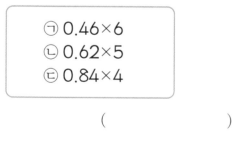

12.8 ◯ 0.5×27

쉬운 개념 체크

1 □ 안에 알맞은 수를 써넣으세요.

(1) $1.3×4=\dfrac{□}{10}×4=\dfrac{13×□}{10}$

$=\dfrac{□}{10}=□$

(2) $2.6×5=\dfrac{□}{10}×5=\dfrac{□×□}{10}$

$=\dfrac{□}{10}=□$

2 5.4×3을 계산하려고 합니다. □ 안에 알맞은 수를 써넣으세요.

> 5.4는 0.1이 □ 개이므로 5.4×3은
>
> 0.1이 □ 개입니다.
>
> 따라서 5.4×3=□ 입니다.

3 12×7과 1.2×7의 값을 비교하려고 합니다. □ 안에 알맞은 수를 써넣으세요.

$$\begin{array}{r} 12 \\ \times\ 7 \\ \hline 84 \end{array} \Rightarrow \begin{array}{r} 1.2 \\ \times\ 7 \\ \hline □ \end{array}$$

> 1.2는 12의 □ 배,
>
> □ 는 84의 $\dfrac{1}{10}$ 배입니다.

4 분수의 곱셈으로 계산해 보세요.

$4.6×9$

5 계산해 보세요.

(1) $4.2×6=□$

(2) $7.25×7=□$

6 빈칸에 알맞은 수를 써넣으세요.

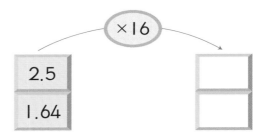

7 지은이는 길이가 1.8 m인 끈을 5개 가지고 있습니다. 지은이가 가지고 있는 끈은 모두 몇 m인가요?

( )

정답 36쪽

1 **보기** 와 같이 계산해 보세요.

보기

$$23×0.2=23×\frac{2}{10}=\frac{23×2}{10}$$
$$=\frac{46}{10}=4.6$$

(1) $7×0.5$

(2) $42×0.9$

2 □ 안에 알맞은 수를 써넣으세요.

(1) $24×4=\boxed{}$

$\Big)\frac{1}{10}$배 $\Big)\frac{1}{10}$배

$24×0.4=\boxed{}$

(2) $8×54=\boxed{}$

$\Big)\frac{1}{10}$배 $\Big)\boxed{}$배

$8×5.4=\boxed{}$

3 계산해 보세요.

(1) $3×0.9$

(2) $15×1.8$

(3) $\begin{array}{r} 7 \\ ×0.23 \\ \hline \end{array}$

(4) $\begin{array}{r} 31 \\ ×4.6 \\ \hline \end{array}$

4 빈칸에 알맞은 수를 써넣으세요.

5 가장 큰 수와 가장 작은 수의 곱을 구해 보세요.

| 0.36 | 3.5 | 21 | 48 |

( )

6 소금 1 kg의 값이 880원이라고 합니다. 이 소금 0.5 kg의 값은 얼마인가요?

( )

7 민희네 모둠이 마신 우유는 4 L입니다. 준하네 모둠이 마신 우유의 양은 민희네 모둠이 마신 우유 양의 1.7배일 때 두 모둠이 마신 우유는 모두 몇 L인가요?

( )

1 □ 안에 알맞은 수를 써넣으세요.

(1) $0.75 \times 0.6 = \dfrac{\boxed{}}{100} \times \dfrac{\boxed{}}{10}$

$= \dfrac{\boxed{}}{1000} = \boxed{}$

(2)

$$\begin{array}{r} 7\,5 \\ \times \quad 6 \\ \hline \boxed{} \end{array} \quad \Rightarrow \quad \begin{array}{r} 0.7\,5 \\ \times \quad 0.6 \\ \hline \boxed{} \end{array}$$

2 분수의 곱셈으로 계산해 보세요.

(1) 0.8×0.4

(2) 0.5×0.73

3 계산해 보세요.

(1) 0.34×0.8

(2) 0.7×0.62

(3)
$$\begin{array}{r} 0.56 \\ \times\ 0.25 \\ \hline \end{array}$$

(4)
$$\begin{array}{r} 0.82 \\ \times\ 0.67 \\ \hline \end{array}$$

4 0.47×0.83의 값이 얼마인지 어림해서 구해 보세요.

$$\boxed{\ \ \textcircled{\scriptsize ㄱ}\ 3.901 \quad \textcircled{\scriptsize ㄴ}\ 0.3901 \quad \textcircled{\scriptsize ㄷ}\ 0.03901\ \ }$$

( )

5 두 수의 곱을 구해 보세요.

$$\boxed{\quad 0.51 \qquad 0.38 \quad}$$

( )

6 계산 결과를 비교하여 ○ 안에 >, =, <를 알맞게 써넣으세요.

$$\boxed{\quad 0.07 \times 0.66\ \bigcirc\ 0.05 \quad}$$

7 가로가 0.25 m, 세로가 0.18 m인 직사각형 모양의 도화지의 넓이는 몇 m²인가요?

( )

정답 37쪽

1 □ 안에 알맞은 수를 써넣으세요.

(1) $5.48 \times 4.2 = \dfrac{\boxed{}}{100} \times \dfrac{\boxed{}}{10}$

$ = \dfrac{\boxed{}}{1000} = \boxed{}$

(2)
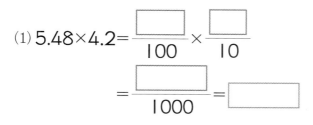

2 계산해 보세요.

(1) 5.8×3.6

(2) 7.29×3.6

(3) $\begin{array}{r} 2.15 \\ \times\, 4.07 \\ \hline \end{array}$ (4) $\begin{array}{r} 9.04 \\ \times\quad 6.3 \\ \hline \end{array}$

3 가장 큰 수와 가장 작은 수의 곱을 구해 보세요.

| 7.4　23.6　0.82　12.4 |

(　　　　　　　)

4 평행사변형의 넓이는 몇 cm²인가요?

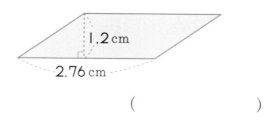

(　　　　　　　)

5 1 m의 무게가 6.4 g인 끈 12.5 m의 무게는 몇 g인가요?

(　　　　　　　)

6 진아의 몸무게는 35.2 kg이고, 용재의 몸무게는 진아의 몸무게의 1.1배입니다. 용재의 몸무게는 몇 kg인가요?

(　　　　　　　)

7 헌 종이를 신혜는 3.7 kg 모았고, 운영이는 신혜가 모은 헌 종이의 1.8배를 모았습니다. 운영이가 모은 헌 종이는 몇 kg인가요?

(　　　　　　　)

1 계산해 보세요.

$0.074 \times 10 = \boxed{}$

$0.074 \times 100 = \boxed{}$

$0.074 \times 1000 = \boxed{}$

2 계산해 보세요.

$604 \times 0.1 = \boxed{}$

$604 \times 0.01 = \boxed{}$

$604 \times 0.001 = \boxed{}$

3 보기 를 이용하여 □ 안에 알맞은 수를 써 넣으세요.

> **보기**
>
> $246 \times 32 = 7872$

(1) $24.6 \times 3.2 = \boxed{}$

(2) $0.246 \times 32 = \boxed{}$

4 계산 결과를 비교하여 ○ 안에 >, =, <를 알맞게 써넣으세요.

$42 \times 0.001 \bigcirc 0.42 \times 10$

5 □ 안에 알맞은 수를 써넣으세요.

$52 \times 0.1 = 0.52 \times \boxed{}$

6 굵기가 일정한 철근 1m의 무게가 2kg입니다. 이 철근 0.1m의 무게는 몇 kg인가요?

(   )

7 어떤 자동차가 1km를 달리는 데 0.09 L의 휘발유가 든다고 합니다. 이 자동차가 100 km를 달리는 데 드는 휘발유는 몇 L인가요?

(   )

8 10분에 540 m를 걷는 사람이 있습니다. 이 사람이 같은 빠르기로 1시간 40분 동안 걸은 거리는 몇 km인가요?

(   )

1 (소수)×(자연수)

동윤이는 매일 0.5 L의 물을 마십니다. 동윤이가 일주일 동안 마신 물의 양은 몇 L인지 풀이 과정을 쓰고 답을 구해 보세요.

풀이 과정

(동윤이가 일주일 동안 마신 물의 양)

=(매일 마시는 물의 양)× ☐

= ☐ × ☐ = ☐ (L)

따라서 동윤이가 일주일 동안 마신 물의 양은 ☐ L입니다.

답 _____

2 (자연수)×(소수)

다음 중 곱이 가장 작은 것은 어느 것인지 풀이 과정을 쓰고 답을 구해 보세요.

㉠ 27×0.61　　㉡ 45×0.28　　㉢ 56×0.2

풀이 과정

㉠ 27×0.61= ☐

㉡ 45×0.28= ☐

㉢ 56×0.2= ☐

따라서 곱이 가장 작은 것은 ☐ 입니다.

답 _____

3 (소수)×(소수)

신애의 몸무게는 46.7 kg이고, 세훈이의 몸무게는 신애의 몸무게의 0.8배라고 합니다. 세훈이의 몸무게는 몇 kg인지 풀이 과정을 쓰고 답을 구해 보세요.

풀이과정

(세훈이의 몸무게)=(신애의 몸무게)× ☐

　　　　　　　　　= ☐ × ☐ = ☐ (kg)

따라서 세훈이의 몸무게는 ☐ kg입니다.

답 ＿＿＿＿＿＿＿＿＿＿

4 (소수)×(소수)

정우네 학교에서 놀이터의 가로와 세로를 각각 1.2배씩 늘려 새로운 놀이터를 만들려고 합니다. 새로운 놀이터의 넓이는 몇 m²인지 풀이 과정을 쓰고 답을 구해 보세요.

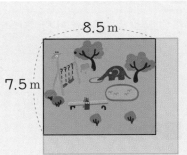

8.5 m

7.5 m

풀이과정

(새로운 놀이터의 가로)=8.5× ☐ = ☐ (m)

(새로운 놀이터의 세로)=7.5× ☐ = ☐ (m)

따라서 새로운 놀이터의 넓이는 ☐ × ☐ = ☐ (m²)입니다.

답 ＿＿＿＿＿＿＿＿＿＿

쉬운 개념 체크

🔧 정답 37쪽

1 직육면체를 보고 □ 안에 알맞은 말을 써넣으세요.

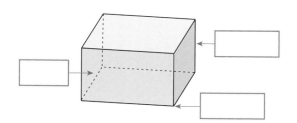

2 정육면체는 어느 것인가요? ⋯⋯⋯( )

① ② ③
④ ⑤

3 다음 직육면체에서 색칠한 면을 본 뜬 모양을 찾아 기호를 써 보세요.

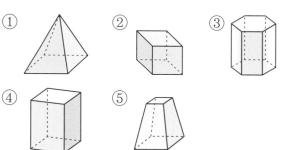

ㄱ ㄴ ㄷ ㄹ

( )

[4 ~ 5] 직육면체를 보고 물음에 답하세요.

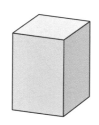

4 보이는 모서리는 몇 개인가요?

( )

5 보이는 꼭짓점은 몇 개인가요?

( )

6 직육면체와 정육면체에 대한 설명 중 <u>틀린</u> 것을 찾아 기호를 써 보세요.

> ㉠ 직사각형 6개로 둘러싸인 도형을 정육면체라고 합니다.
> ㉡ 정육면체는 직육면체라고 할 수 있습니다.
> ㉢ 정육면체의 모서리의 길이는 모두 같습니다.

( )

7 정육면체에서 보이는 모서리와 보이는 꼭짓점의 수의 합을 구해 보세요.

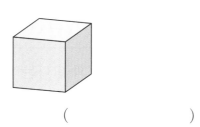

( )

1 직육면체에서 색칠한 면과 평행한 면에 색칠해 보세요.

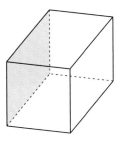

2 직육면체에서 서로 평행한 면은 모두 몇 쌍인가요?

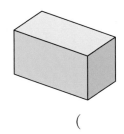

( )

[3 ~ 4] 직육면체를 보고 물음에 답하세요.

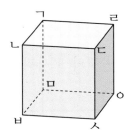

3 꼭짓점 ㄷ과 만나는 면을 모두 써 보세요.

( )

4 알맞은 것에 ◯표 하세요.

꼭짓점 ㄷ과 만나는 면들에 삼각자를 대어 보면, 꼭짓점 ㄷ을 중심으로 모두 (직각 , 평행)입니다.

5 직육면체에서 색칠한 면과 수직으로 만나는 면은 모두 몇 개인가요?

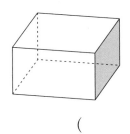

( )

6 직육면체에서 면 ㄱㅁㅂㄴ과 평행한 면과 수직인 면을 모두 써 보세요.

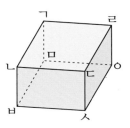

평행한 면 : _____

수직인 면 : _____

_____

7 직육면체에서 면 ㄱㄴㄷㄹ과 평행한 면의 모서리의 길이의 합을 구해 보세요.

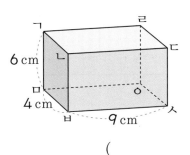

( )

⚙ 정답 38쪽

1 직육면체의 겨냥도를 바르게 그린 것은 어느 것인가요? ··················(   )

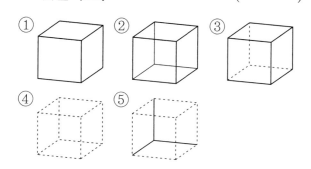

[4 ~ 5] 그림에서 빠진 부분을 그려 넣어 직육면체의 겨냥도를 완성해 보세요.

4

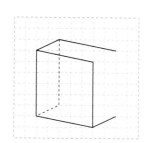

5

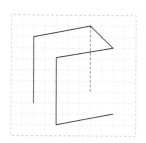

[2 ~ 3] 직육면체를 보고 □ 안에 알맞은 수를 써넣으세요.

2

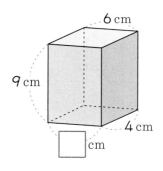

6 cm
9 cm
4 cm
□ cm

3

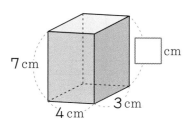

7 cm
4 cm
3 cm
□ cm

6 직육면체의 겨냥도에서 보이지 않는 모서리의 길이의 합은 몇 cm인가요?

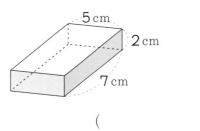

5 cm
2 cm
7 cm

(   )

7 직육면체에서 보이는 모서리의 길이의 합은 몇 cm인가요?

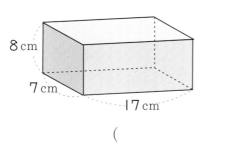

8 cm
7 cm
17 cm

(   )

[1 ~ 2] 전개도를 접어서 정육면체를 만들었습니다. 물음에 답하세요.

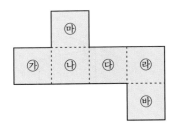

1 면 ㉠와 평행한 면은 어느 것인가요?

( )

2 면 ㉱와 수직인 면을 모두 써 보세요.

( )

3 직육면체의 전개도에서 ☐ 안에 알맞은 수를 써넣으세요.

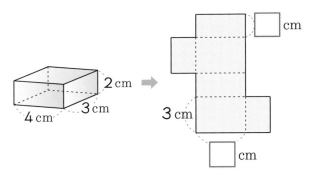

4 직육면체의 전개도의 일부입니다. 빠진 부분을 그려 넣으세요.

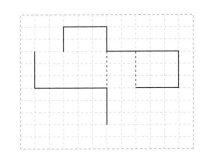

5 그림과 같이 색 테이프를 상자에 한 바퀴 돌려 붙였습니다. 전개도에 색 테이프가 지나간 자리를 표시하려고 합니다. 빠진 부분을 그려 넣으세요.

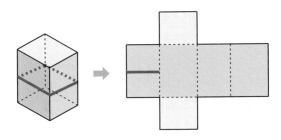

6 다음 전개도로 정육면체를 만들었을 때, 마주 보는 면의 수의 합이 7이 되도록 빈칸에 알맞은 수를 써넣으세요.

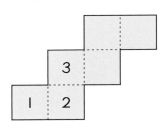

7 다음 전개도로 만든 직육면체의 모든 모서리의 길이의 합은 몇 cm인가요?

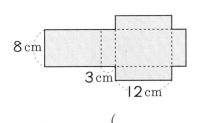

( )

쉬운 서술형

❀ 정답 39쪽

1 직육면체의 겨냥도

직육면체의 겨냥도에서 다음 수의 합은 얼마인지 풀이 과정을 쓰고 답을 구하세요.

- 보이는 면의 수
- 보이지 않는 모서리의 수
- 보이지 않는 꼭짓점의 수

풀이과정

직육면체에서 보이는 면의 수는 □개, 보이지 않는 모서리의 수는 □개, 보이지 않는 꼭짓점의 수는 □개입니다.

따라서 세 수의 합은 □+□+□=□(개)입니다.

답 _____

2 직육면체의 겨냥도

직육면체에서 보이지 않는 모서리의 길이의 합은 몇 cm인지 풀이 과정을 쓰고 답을 구해 보세요.

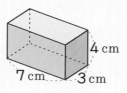

7 cm 3 cm 4 cm

풀이과정

직육면체의 겨냥도에서 보이지 않는 모서리는 □으로 나타내므로 7 cm, 3 cm, 4 cm인 모서리가 각각 □개씩입니다.

따라서 보이지 않는 모서리의 길이의 합은 7+□+□=□(cm)입니다.

답 _____

3 직육면체의 성질

직육면체에서 면 ㄱㄴㄷㄹ과 평행한 면의 네 변의 길이의 합은 몇 cm인지 풀이 과정을 쓰고 답을 구해 보세요.

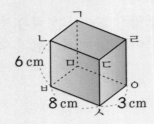

풀이과정

면 ㄱㄴㄷㄹ과 평행한 면은 면 ☐☐☐☐ 이므로

네 변의 길이의 합은 ☐+☐+☐+☐=☐ (cm)입니다.

답 _____

4 직육면체의 전개도

정육면체의 전개도를 접었을 때 선분 ㄴㄷ과 겹치는 선분과 점 ㅁ과 만나는 점은 어느 것인지 풀이 과정을 쓰고 답을 구해 보세요.

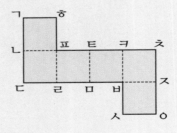

풀이과정

전개도를 점선을 따라 접었을 때 선분 ㄴㄷ과 겹치는 선분은 선분 ☐☐ 이고, 점 ㅁ 과 만나는 점은 점 ☐ 입니다.

답 _____

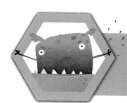

쉬운 개념 체크

정답 39쪽

[1 ~ 2] 은선이네 모둠 학생들의 50 m 달리기 기록을 나타낸 표입니다. 물음에 답하세요.

50 m 달리기 기록

이름	은선	도영	민석	미소	민영
시간(초)	10	10	12	9	9

1 은선이네 모둠 학생들의 50 m 달리기 기록을 모두 더하면 몇 초인가요?

( )

2 은선이네 모둠의 50 m 달리기 기록의 평균은 몇 초인가요?

( )

3 표를 보고 한 경기당 몇 점을 얻은 것인지 평균을 구해 보세요.

농구 득점 수

경기 횟수	1	2	3	4	5	6
점수(점)	90	84	74	97	86	85

( )

4 기범이가 1분 동안 친 한글 타자 기록을 4일 동안 조사하여 나타낸 표입니다. 기범이의 타자 기록의 평균은 몇 타인가요?

1분 동안 친 타자 기록

요일	월	화	수	목
타수(타)	120	130	120	130

( )

[5 ~ 7] 정후의 턱걸이 기록을 나타낸 표입니다. 물음에 답하세요.

정후의 턱걸이 기록

회	1회	2회	3회	4회
턱걸이 기록(번)	13	15	12	20

5 정후의 턱걸이 기록의 평균은 몇 번인가요?

( )

6 턱걸이를 한 회 더해서 평균이 1번 늘어났습니다. 정후가 5회까지 한 턱걸이 기록의 합계는 몇 번 늘어 나는지 구해 보세요.

( )

7 정후가 5회에 한 턱걸이는 몇 번인가요?

( )

[1 ~ 2] 지영이네 모둠 학생들의 수학 점수를 조사한 표입니다. 물음에 답하세요.

지영이네 모둠 학생들의 수학 점수

이름	점수(점)	이름	점수(점)
지영	64	지현	92
상호	80	상명	88
강현	72	민지	96

1 지영이네 모둠 학생들의 수학 점수의 평균은 몇 점인가요?

( )

2 상호의 수학 성적은 평균에 비하여 높은 편인가요, 낮은 편인가요?

( )

3 광희의 과목별 점수를 나타낸 표입니다. 평균 점수에 비해 높은 점수를 얻은 과목을 모두 써 보세요.

광희의 과목별 점수

과목	국어	수학	사회	과학	체육
점수(점)	92	89	85	76	88

( )

4 윤미네 모둠 학생들의 키를 조사한 것입니다. 이 학생들의 평균 키는 몇 cm인가요?

학생들의 키   (단위 : cm)

140.7	143.8	138. 2	149.3

( )

[5 ~ 6] 호동이와 형돈이의 80 m 달리기 기록입니다. 물음에 답하세요.

호동이의 달리기 기록

회	1회	2회	3회	4회	5회
기록(초)	14	15	17	20	14

형돈이의 달리기 기록

회	1회	2회	3회	4회
기록(초)	14	15	13	18

5 호동이와 형돈이의 80 m 달리기 기록의 평균은 각각 몇 초인가요?

호동 ( )
형돈 ( )

6 누가 80 m 달리기를 더 잘했다고 할 수 있나요?

( )

정답 39쪽

[1 ~ 3] 사건이 일어날 가능성을 생각해 보고 알맞게 표현한 것을 **보기** 에서 골라 기호를 써 보세요.

보기

ㄱ 불가능하다　　ㄴ ~일 것 같다

ㄷ 반반이다　　　ㄹ 확실하다

ㅁ ~아닐 것 같다

1 두 사람이 주사위를 던졌을 때 같은 수의 눈이 나올 것입니다.

(　　　　　)

2 내일은 해가 서쪽으로 지고 모레는 해가 동쪽에서 뜰 것입니다.

(　　　　　)

3 1부터 4까지 쓰인 4장의 카드에서 1장을 뽑을 때 2 이상의 수가 쓰인 카드를 뽑을 것입니다.

(　　　　　)

4 일기 예보를 보고 잘못 말한 사람은 누구인지 써 보세요.

날짜	오늘		내일		모레	
	오전	오후	오전	오후	오전	오후
날씨	⛅	☔	☁	☀	☀	☀

호중: 오늘 비가 올 가능성이 작아.

효진: 내일 오전에는 구름이 많지만 비가 올 가능성이 작아.

(　　　　　)

5 500원짜리 동전 1개를 던졌습니다. 물음에 답하세요.

⑴ 숫자 면이 나올 가능성을 수로 표현해 보세요.

(　　　　　)

⑵ 그림 면이 나올 가능성을 수로 표현해 보세요.

(　　　　　)

6 다음 회전판을 보고 물음에 답하세요.

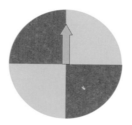

⑴ 화살이 노란색에 멈출 가능성을 수로 표현해 보세요.

(　　　　　)

⑵ 화살이 빨간색에 멈출 가능성을 수로 표현해 보세요.

(　　　　　)

7 주머니 속에 딸기 맛 사탕 1개, 자두 맛 사탕 3개가 있습니다. 주머니에서 사탕 1개를 꺼낼 때 꺼낸 사탕이 포도 맛 사탕일 가능성을 수로 표현해 보세요.

(　　　　　)

1 평균 구하기

윤아네 모둠 학생 5명이 가지고 있는 연필의 수는 다음과 같습니다. 연필 수의 평균은 몇 자루인지 풀이 과정을 쓰고 답을 구해 보세요.

윤아네 모둠 학생들이 가지고 있는 연필 수

이름	윤아	정수	민재	지은	소연
연필 수(자루)	5	6	8	4	7

풀이 과정

연필 수의 합은 ☐+☐+☐+☐+☐=☐(자루)이므로

연필 수의 평균은 ☐÷☐=☐(자루)입니다.

답 _____

2 평균을 이용하여 문제 해결하기

승희네 모둠의 수학 점수를 나타낸 표입니다. 승희네 모둠의 수학 점수의 평균이 85점일 때 윤호의 점수는 몇 점인지 풀이 과정을 쓰고 답을 구해 보세요.

승희네 모둠의 수학 점수

이름	승희	연재	윤호	준수	민아
점수(점)	92	84		88	76

풀이 과정

승희네 모둠의 수학 점수의 합은 ☐×☐=☐(점)이고

윤호를 뺀 나머지 4명의 점수의 합은 ☐+☐+☐+☐=☐(점)이므로 윤호의 수학 점수는 ☐−☐=☐(점)입니다.

답 _____

3 사건이 일어날 가능성

사건이 일어날 가능성이 더 큰 것을 찾아 기호를 쓰려고 합니다. 풀이 과정을 쓰고 답을 구해 보세요.

> ㉠ 흰색 바둑돌 4개가 들어 있는 주머니에서 1개를 꺼낼 때 꺼낸 바둑돌이 흰색일 가능성
> ㉡ 동전을 던졌을 때 숫자 면이 나올 가능성

풀이 과정

㉠ 흰색 바둑돌을 꺼낼 가능성은 '확실하다' 이므로, 수로 표현하면 □ 입니다.

㉡ 동전의 숫자 면이 나올 가능성은 '반반이다' 이므로, 수로 표현하면 □ 입니다.

따라서 가능성이 더 큰 것은 □ 입니다.

답 _____

4 평균 구하기

아파트 동별 자동차 수를 그림그래프로 나타낸 것입니다. 동별 자동차 수의 평균은 몇 대인지 풀이 과정을 쓰고 답을 구해 보세요.

동별 자동차 수

A동
B동
C동
D동
E동

🚗10대　🚗1대

풀이 과정

동별 자동차 수는 A동 □ 대, B동 □ 대, C동 □ 대, D동 □ 대, E동 □ 대입니다.

따라서 동별 자동차 수의 평균은

(□＋□＋□＋□＋□)÷□＝□÷□＝□(대)입니다.

답 _____

나에게 쓰는
편지

수학이 **좋아**지는

워크북

수학이 **좋아**지는

워크북

수학이 **쉬워**지는 강추수학

개념완성

정답 및 풀이

정답 및 풀이

5-2

정답 및 풀이

정답 및 풀이

📪 1단원

개념 1 이상과 이하 알아보기

개념이 쉽다   6쪽

1 (1) 12, 13, 14, 15   (2) 이하에 ○표

2 (1) 9, 9$\frac{1}{4}$, 11   (2) 5, 4.8, 3$\frac{1}{2}$, 2$\frac{1}{3}$

1 (2) ●와 같거나 작은 수를 ● 이하인 수라고 합니다.

2 (1) 9 이상인 수는 9와 같거나 큰 수입니다.
    (2) 5 이하인 수는 5와 같거나 작은 수입니다.

문제가 쉽다   7쪽

1 (1) 이상   (2) 이하   2 채율, 지훈, 미수

3 4명   4 70, 71, 75, 99, 83에 ○표

5 수빈, 지혜, 승기   6 수빈, 지은, 은빈, 기웅

7
```
 ─┼──┼──┼──┼──●──┼──┼──┼──┼─
 31 32 33 34 35 36 37 38 39 40
```

8
```
 ─┼──┼──┼──┼──┼──┼──●──┼──┼─
 56 57 58 59 60 61 62 63 64 65
```

1 (1) ▲ 이상인 수: ▲와 같거나 큰 수
    (2) ● 이하인 수: ●와 같거나 작은 수

3 윤경(76점), 주현(83점), 민준(74점),
    유미(72점)

4 70과 같거나 큰 수에 ○표 합니다.

5 키가 145 cm와 같거나 큰 학생을 찾습니다.
    ➡ 수빈(145.0 cm), 지혜(149.1 cm),
       승기(156.3 cm)

6 키가 145 cm와 같거나 작은 학생을 찾습니다.
    ➡ 수빈(145.0 cm), 지은(144.7 cm),
       은빈(142.5 cm), 기웅(132.9 cm)

7 36 이상인 수는 수직선에 ●을 이용하여 나타낼 수 있습니다.

8 62 이하인 수는 수직선에 ●을 이용하여 나타낼 수 있습니다.

개념 2 초과와 미만 알아보기

개념이 쉽다   8쪽

1 (1) 부산, 대구, 전주   (2) 서울, 대전   2 ③

3 5개

1 (1) 부산(23.5 ℃), 대구(23.4 ℃), 전주(24.0 ℃)
    (2) 서울(18.5 ℃), 대전(20.5 ℃)

2 9보다 큰 수이므로 9가 포함되지 않습니다.

3 21보다 큰 수는 24, 35$\frac{1}{2}$, 22, 21.5, 28.6으로 모두 5개입니다.

문제가 쉽다   9쪽

1 (1) 초과   (2) 미만   2 민서, 보민, 민근   3 2명

4 23.5, 30.5, 27   5 11$\frac{3}{5}$, 13.9

6
```
 ─┼──┼──○──┼──┼──┼──┼──┼──●─
 3  4  5  6  7  8  9 10 11 12
```

7
```
 ─┼──┼──○──┼──┼──●──┼──┼──┼─
 19 20 21 22 23 24 25 26 27 28
```

1 (1) ▲ 초과인 수: ▲보다 큰 수
    (2) ● 미만인 수: ●보다 작은 수

2 몸무게가 32 kg보다 무거운 학생은 민서(32.5 kg), 보민(34.0 kg), 민근(33.8 kg)입니다.

3 몸무게가 32 kg보다 가벼운 학생은 승현(30.6 kg), 소연(31.9 kg)으로 모두 2명입니다.

4 21보다 큰 수는 23.5, 30.5, 27입니다.

5 15보다 작은 수는 11$\frac{3}{5}$, 13.9입니다.

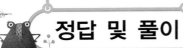
6 7을 포함하지 않으므로 ○을 이용하여 나타냅니다.

7 23을 포함하지 않으므로 ○을 이용하여 나타냅니다.

개념 ③ 수의 범위를 활용하여 문제를 해결하기

개념이 쉽다
10쪽

1 2명   2 재은, 이빈   3 (1) 초과 (2) 16, 미만

1 17.5초보다 늦거나 같게 달린 사람은 정은(18.5초), 수민(17.5초)입니다.

2 15초보다 늦게 달리고 17.5초보다 빨리 달린 사람은 재은(16.1초), 이빈(16.0초)입니다.

3 (2) 이상과 이하는 ●으로 나타내고 초과와 미만은 ○으로 나타냅니다.

문제가 쉽다
11쪽

1 페더급   2 현석   3 ┼┼┼┼┼┼┼┼┼
31 32 33 34 35 36 37 38 39

4 20 미만인 수   5 ㉢, ㉣

6 (1) ┼┼┼┼┼┼┼┼┼
8 9 10 11 12 13 14 15 16

(2) ┼┼┼┼┼┼┼┼┼
21 22 23 24 25 26 27 28 29

1 37.8 kg은 36 kg 초과 39 kg 이하이므로 페더급입니다.

2 플라이급은 32 kg 초과 34 kg 이하이므로 34 kg인 현석이가 플라이급에 속합니다.

3 승호의 몸무게는 35.6 kg이므로 34 kg 초과 36 kg 이하인 밴텀급에 속합니다.

4 20보다 작은 수이므로 20 미만인 수입니다.

5 ㉠ 15와 같거나 크고 26보다 작은 수이므로 26이 포함되지 않습니다.

㉡ 26보다 크고 30과 같거나 작은 수이므로 26이 포함되지 않습니다.

계산이 쉽다
12쪽

1 10, 11$\frac{1}{4}$, 12$\frac{1}{2}$, 13

2 11$\frac{1}{4}$, 12$\frac{1}{2}$, 13, 14.5, 15   3 3명

4 45.2 kg, 40.0 kg   5 9, 10, 11, 12, 13

6 11개

1 13과 같거나 작은 수는 10, 11$\frac{1}{4}$, 12$\frac{1}{2}$, 13 입니다.

2 11과 같거나 크고 15와 같거나 작은 수는 11$\frac{1}{4}$, 12$\frac{1}{2}$, 13, 14.5, 15입니다.

3 38 kg과 같거나 가벼운 학생은 승민(38.0 kg), 지혜(31.4 kg), 민성(34.5 kg)입니다.

4 40 kg과 같거나 무거운 학생은 도선(45.2 kg)과 영훈(40.0 kg)입니다.

5 9와 같거나 크고 13과 같거나 작은 자연수는 9, 10, 11, 12, 13입니다.

6 20 이상 30 이하인 자연수는 20, 21……29, 30이므로 모두 11개입니다.

계산이 쉽다
13쪽

1 경호, 세미, 광희   2 초과

3 지성, 미숙, 진우, 선혜   4 미만

5 9.8, 10, 10$\frac{1}{3}$ 6 10$\frac{1}{3}$, 11, 11.2, 11$\frac{3}{4}$

1 48 kg보다 무거운 친구는 경호(50.5 kg), 세미(52.0 kg), 광희(48.5 kg)입니다.

3 48 kg보다 가벼운 친구는 지성(47.0 kg), 미숙(46.2 kg), 진우(37.3 kg), 선혜(40.1 kg)입니다.

5 11보다 작은 수는 9.8, 10, $10\frac{1}{3}$입니다.

6 10보다 크고 12보다 작은 수는 $10\frac{1}{3}$, 11, 11.2, $11\frac{3}{4}$입니다.

계산이 쉽다   14쪽

1 4 이하인 수   2 9 초과인 수

3 5 초과 8 이하인 수   4 11 이상 17 이하인 수

5
```
+--+--+--+--+--+--+--+--+--+
15 16 17 18 19 20 21 22 23 24
```

6
```
+--+--+--+--+--+--+--+--+--+
19 20 21 22 23 24 25 26 27 28
```

7
```
+--+--+--+--+--+--+--+--+--+
10 11 12 13 14 15 16 17 18 19
```

1 4와 같거나 작은 수이므로 4 이하인 수입니다.

2 9보다 큰 수이므로 9 초과인 수입니다.

3 5보다 크고 8과 같거나 작은 수이므로 5 초과 8 이하인 수입니다.

4 11과 같거나 크고 17과 같거나 작은 수이므로 11 이상 17 이하인 수입니다.

5 17 초과인 수는 수직선에 ○을 이용하여 나타냅니다.

6 22 이상인 수는 ●을, 27 미만인 수는 ○을 이용하여 나타냅니다.

7 14 초과인 수는 ○을, 17 미만인 수를 ○을 이용하여 나타냅니다.

계산이 쉽다   15쪽

1 3등급   2 형석   3 풀이 참조

4 42, 43, 44, 45에 ○표

1 37회는 22회 이상 39 이하에 속하므로 3등급입니다.

---

2 22회 이상 39회 이하에 속하는 학생은 형석(29회)입니다.

3
```
+--+--+◆-+--+--+--+--+--+--+◆-+--+
    20        30        40
```

4 42와 같거나 크고 46보다 작은 수는 42, 43, 44, 45입니다.

개념 ④ 올림 알아보기

개념이 쉽다   16쪽

1 (1) 1 cm   (2) 130 cm   2 (1) 970   (2) 860

3 (1) 500   (2) 5대

1 (2) 120 cm를 사면 1 cm가 모자라므로 130 cm를 사야 합니다.

3 (1) 4<u>27</u> → 500

(2) 427의 백의 자리 아래 수를 올림하면 500이고 트럭 1대에 100상자를 실을 수 있으므로 트럭은 모두 5대가 필요합니다.

문제가 쉽다   17쪽

1 (1) 9400   (2) 2900   2 (1) 5000   (2) 73000

3 (1) 23.7   (2) 8.2   4 10개   5 8650, 8700

6 25900   7 300   8 300 cm

1 93<u>02</u> → 9400, 28<u>10</u> → 2900

2 4<u>200</u> → 5000, 72<u>507</u> → 73000

3 (1) 23.6<u>4</u> → 23.7   (2) 8.1<u>72</u> → 8.2

4 올림하여 십의 자리까지 나타내면 250이 되는 자연수는 241, 242, 243…… 250이므로 모두 10개입니다.

5 864<u>1</u> → 8650, 864<u>1</u> → 8700

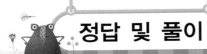

6 258<u>0</u>1 → 25900

7 2<u>1</u>6 → 300

8 200 cm를 사면 16 cm가 모자라므로 300 cm를 사야 합니다.

개념⑤ 버림 알아보기

> **개념이 쉽다**
> 18쪽
>
> 1 (1) 14820 (2) 14800 (3) 14000 (4) 10000
> 2 (1) 1200 (2) 12 상자 3 (1) 240 (2) 360

1 (2) 14820원을 100원짜리 동전으로 바꾸면 14800원까지 바꿀 수 있습니다.

2 (1) 1<u>248</u> → 1200

> **문제가 쉽다**
> 19쪽
>
> 1 (1) 3000 (2) 7000 2 (1) 500 (2) 900
> 3 (1) 8.16 (2) 53.24 4 10개
> 5 4710, 4700 6 63000 7 520
> 8 52봉지

1 (1) 3<u>508</u> → 3000 (2) 7<u>794</u> → 7000

2 (1) 5<u>05</u> → 500 (2) 9<u>99</u> → 900

3 (1) 8.16<u>5</u> → 8.16 (2) 53.24<u>6</u> → 53.24

4 1730부터 1739까지의 수는 버림하여 십의 자리까지 나타내면 1730이 됩니다.

5 471<u>3</u> → 4710, 47<u>13</u> → 4700

6 63<u>704</u> → 63000

7 52<u>7</u> → 520

8 10개씩 포장하면 52봉지가 되고 7개가 남습니다.

개념⑥ 반올림 알아보기

> **개념이 쉽다**
> 20쪽
>
> 1 (1) 1250 (2) 1500
> 2 (1) 8430 (2) 8400 (3) 8000

2 (1) 84<u>25</u>를 반올림하여 십의 자리까지 나타내면 일의 자리 숫자가 5이므로 올림하여 8430이 됩니다.

(2) 8<u>425</u>를 반올림하여 백의 자리까지 나타내면 십의 자리 숫자가 2이므로 버림하여 8400이 됩니다.

> **문제가 쉽다**
> 21쪽
>
> 1
> 742   756
> 740   750   760
>
> 2 760명 3 740명
> 4 (1) 5400명 (2) 7000명 (3) 12000명
> 5 (1) 620 (2) 3450 6 (1) 3500 (2) 2400
> 7 4270, 4300 ; 25850, 25800
> 8 (1) 7.2 (2) 32.15

2 756은 750보다 760에 더 가깝습니다.

3 742는 750보다 740에 더 가깝습니다.

4 (1) 53<u>76</u>을 반올림하여 백의 자리까지 나타내면 십의 자리 숫자가 7이므로 올림하여 5400이 됩니다.

(2) 6<u>829</u>를 반올림하여 천의 자리까지 나타내면 백의 자리 숫자가 8이므로 올림하여 7000이 됩니다.

(3) (전체 관람객 수)
   =5376+6829=12205(명)
   ➡ 12<u>205</u> → 12000

5 (1) 6<u>18</u> → 620
      ↳올림합니다.

(2) 3450 → 3450
      ↳버림합니다.

6 (1) 3547 → 3500
   ↳ 버림합니다.

 (2) 2351 → 2400
   ↳ 올림합니다.

7 4273 → 4270, 4273 → 4300,
 25846 → 25850, 25846 → 25800

8 (1) 7.248 → 7.2 (2) 32.145 → 32.15
  ↳ 버림합니다.   ↳ 올림합니다.

개념 7 올림, 버림, 반올림을 활용하여 문제 해결하기

개념이 쉽다   22쪽

1 (1) 올림 (2) 220권 2 (1) 버림 (2) 43000원

---

1 (2) 216을 올림하여 십의 자리까지 나타내면 220이므로 공책을 최소 220권 사야 합니다.

2 (2) 43270을 버림하여 천의 자리까지 나타내면 43000이므로 최대 43000원까지 바꿀 수 있습니다.

문제가 쉽다   23쪽

1 (1) 2개 (2) 78개 (3) 3개 2 24000원
3 253상자 4 37, 35, 43, 45 5 370000명
6 35개

---

1 (3) 사과를 100개씩 2개의 상자에 담고 남는 사과 78개를 담으려면 상자는 최소 3개가 필요합니다.

2 23400원을 1000원짜리 지폐로만 낸다면 최소 24000원을 내고 600원의 거스름돈을 받게 됩니다.

3 과자를 10봉지씩 상자에 담으면 253상자에 담고 2봉지가 남습니다. 즉, 상자에 담아서 팔 수 있는 과자는 최대 253상자입니다.

---

4 소수 첫째 자리 숫자가 0, 1, 2, 3, 4이면 버리고, 5, 6, 7, 8, 9이면 올려서 나타냅니다.

5 367249 → 370000

6 버림하여 십의 자리까지 나타내면 350이므로 길이가 10cm인 도막 35개로 자를 수 있습니다.

계산이 쉽다   24쪽

1 (1) 2510 (2) 4730 (3) 9860 (4) 3650
2 (1) 5200 (2) 2100 (3) 7300 (4) 6400
3 (1) 2000 (2) 7000 (3) 6000 (4) 4000
4 4653, 4640, 4602

---

1 (1) 2503 → 2510
   ↳ 3을 10으로 보고 올림합니다.

 (2) 4729 → 4730
   ↳ 9를 10으로 보고 올림합니다.

 (3) 9852 → 9860
   ↳ 2를 10으로 보고 올림합니다.

 (4) 3641 → 3650
   ↳ 1을 10으로 보고 올림합니다.

2 (1) 5125 → 5200
   ↳ 25를 100으로 보고 올림합니다.

 (2) 2062 → 2100
   ↳ 62를 100으로 보고 올림합니다.

 (3) 7250 → 7300
   ↳ 50을 100으로 보고 올림합니다.

 (4) 6304 → 6400
   ↳ 4를 100으로 보고 올림합니다.

3 (1) 1560 → 2000
   ↳ 560을 1000으로 보고 올림합니다.

 (2) 6040 → 7000
   ↳ 40을 1000으로 보고 올림합니다.

 (3) 5497 → 6000
   ↳ 497을 1000으로 보고 올림합니다.

 (4) 3005 → 4000
   ↳ 5를 1000으로 보고 올림합니다.

4 올림하여 백의 자리까지 나타내었을 때 4700이 되는 수는 4600 초과 4700 이하인 수입니다.

▶ 계산이 **쉽다**

1 (1) 7620　(2) 2790　(3) 4350　(4) 5030
2 (1) 3200　(2) 4800　(3) 6900　(4) 5000
3 (1) 7000　(2) 24000　(3) 8000　(4) 15000
4 3592, 3509, 3557

1　(1) 7623 → 7620
　　　└→ 3을 0으로 보고 버림합니다.

　(2) 2791 → 2790
　　　└→ 1을 0으로 보고 버림합니다.

　(3) 4356 → 4350
　　　└→ 6을 0으로 보고 버림합니다.

　(4) 5039 → 5030
　　　└→ 9를 0으로 보고 버림합니다.

2　(1) 3296 → 3200
　　　└→ 96을 0으로 보고 버림합니다.

　(2) 4879 → 4800
　　　└→ 79를 0으로 보고 버림합니다.

　(3) 6980 → 6900
　　　└→ 80을 0으로 보고 버림합니다.

　(4) 5034 → 5000
　　　└→ 34를 0으로 보고 버림합니다.

3　(1) 7679 → 7000
　　　└→ 679를 0으로 보고 버림합니다.

　(2) 24641 → 24000
　　　└→ 641을 0으로 보고 버림합니다.

　(3) 8932 → 8000
　　　└→ 932를 0으로 보고 버림합니다.

　(4) 15604 → 15000
　　　└→ 604를 0으로 보고 버림합니다.

4　버림하여 백의 자리까지 나타내었을 때 3500
　이 되는 수의 범위는 3500 이상 3600 미만인
　수입니다.

▶ 계산이 **쉽다**

1 550　　2 700　　3 2000　　4 5000　　5 460
6 800　　7 700　　8 8000　　9 2.6　　10 17.26
11 6000

1　547 → 550
　　└→ 올림합니다.

2　737 → 700
　　└→ 버림합니다.

3　1954 → 2000
　　└→ 올림합니다.

4　5498 → 5000
　　└→ 버림합니다.

5　456 → 460

6　829 → 800

7　706 → 700

8　8229 → 8000

9　2.643 → 2.6

10　17.258 → 17.26

11　반올림하여 천의 자리까지 나타낸 수: 24000
　　올림하여 만의 자리까지 나타낸 수: 30000
　　→ 30000−24000=6000

▶ 계산이 **쉽다**

1 4.6　　2 2.68　　3 7.2　　4 5.62　　5 3.6
6 1.5　　7 4.73

▶ 계산이 **쉽다**

1 7105, 7162, 7200에 ○표
2 2403, 2467에 ○표
3 2500, 2714, 3189에 ○표　　4 8대
5 25000원

4　10명씩 7대에 타면 6명이 남고 남은 6명도 타
　야 하므로 보트는 최소 8대가 필요합니다.

5　25620원을 1000원짜리 지폐 25장으로 바꾸
　면 620원이 남으므로 최대 25000원까지 바
　꿀 수 있습니다.

단원이 쉽다

1 ③   2 5개   3 소현, 병수   4 3명
5 3000원   6 ㉰, ㉱
7 ├┼┼┼┼┼┼┼┼┼┼┤   8 6명   9 ①
　 19 20 21 22 23 24 25 26 27 28 29
10 2명   11 22, 23, 24, 25, 26, 27, 28
12 ├┼○┼┼┼┼●┼┼┤
　 6 7 8 9 10 11 12 13 14 15
13 ├┼┼●┼┼┼┼┼┼┼○┤
　 22 23 24 25 26 27 28 29 30 31 32 33
14 80   15 54, 55, 56   16 ⑤
17 풀이 참조 ; 2개   18 986000   19 198000
20 60000   21 85000   22 ③, ⑤
23 15 이상인 수   24 6세 이상 65세 미만
25 1289

1 20과 같거나 큰 수는 20.1입니다.

2 15와 같거나 큰 수는 16.4, 18, 17.7, 17.5, 15로 모두 5개입니다.

3 소현(94점), 병수(91점)

4 80점과 같거나 낮은 점수를 받은 학생은 예리, 연선, 희진으로 모두 3명입니다.

5 70분은 1시간 초과 2시간 이하에 속하므로 주차 요금은 3000원입니다.

6 주차 시간이 1시간을 초과한 차량을 찾습니다.

7 25를 ○으로 나타내고 오른쪽으로 선을 긋습니다.

8 44−38=6(명)

9 7 미만인 수는 7보다 작은 수이므로 7살 미만인 어린이는 민정(6살)입니다.

10 수학 점수가 60점 이상 70점 미만인 학생은 지원, 이선입니다.

11 21 초과 29 미만인 자연수는 22부터 28까지의 자연수입니다.

12 8은 ○으로, 13은 ●으로 나타내고 사이에 선을 긋습니다.

13 24 이상인 수는 24를 포함하고, 30보다 작은 수는 30을 포함하지 않습니다.

14 가장 큰 수: 49, 가장 작은 수: 31

➡ 합: 49+31=80

15 56 이하인 수 중에서 53보다 큰 자연수는 54, 55, 56입니다.

16 ① 680 ② 710 ③ 710 ④ 690 ⑤ 700

17 ⑳ 올림하여 백의 자리까지 나타내면
2430 → 2500, 2248 → 2300,
2375 → 2400, 2416 → 2500,
2317 → 2400, 2154 → 2200입니다.
따라서 올림하여 백의 자리까지 나타내었을 때 2400이 되는 수는 2375, 2317로 모두 2개입니다.

18 만들 수 있는 가장 큰 수는 985320입니다.
985320 → 986000

19 198390 → 198000

20 66024 → 60000

21 85436 → 85000

22 반올림하여 십의 자리까지 나타내었을 때 100이 되는 수는 95 이상 104 이하인 수입니다.

23 15와 같거나 큰 수이므로 15 이상인 수입니다.

24 6세 어린이는 요금을 내야 하고 65세 노인은 무료이므로 요금을 내야 하는 사람의 나이는 6세 이상 65세 미만입니다.

25 버림하여 십의 자리까지 나타내어 1280이 되는 수의 범위는 1280 이상 1289 이하입니다.

📬 2단원

개념 1 (분수)×(자연수) 알아보기

개념이 쉽다

34쪽

1 5, 4, 5, 20, $2\frac{2}{9}$ 2 7, 4, 28, $3\frac{1}{9}$

3 6, 15, 4, 15, $3\frac{3}{4}$ 4 3, 2, 4, 2, 8, $2\frac{2}{3}$

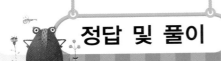

문제가 쉽다

1 풀이 참조

2 (1) $\frac{3}{4}$, 6, 9, 6, $2\frac{1}{4}$, $8\frac{1}{4}$ (2) 10, 20, $2\frac{6}{7}$

3 (1) $6\frac{2}{3}$ (2) $12\frac{2}{3}$ 4 교차선 5 $4\frac{2}{3}$

6 $2\frac{7}{10}$ L 7 $5\frac{2}{5}$ L

---

1 (1) $\frac{3}{\overset{8}{4}} \times \overset{3}{6} = \frac{3 \times 3}{4} = \frac{9}{4} = 2\frac{1}{4}$

(2) $\frac{5}{\underset{7}{14}} \times \overset{2}{4} = \frac{5 \times 2}{7} = \frac{10}{7} = 1\frac{3}{7}$

3 (1) $\frac{4}{9} \times 15 = \frac{4 \times 15}{9} = \frac{\overset{20}{60}}{\underset{3}{9}} = \frac{20}{3} = 6\frac{2}{3}$

(2) $3\frac{1}{6} \times 4 = \frac{19}{\underset{3}{6}} \times \overset{2}{4} = \frac{38}{3} = 12\frac{2}{3}$

4 (1) $\frac{2}{5} \times 3 = \frac{6}{5} = 1\frac{1}{5}$

(2) $\frac{5}{12} \times 6 = \frac{\overset{5}{30}}{\underset{2}{12}} = \frac{5}{2} = 2\frac{1}{2}$

(3) $\frac{9}{50} \times 10 = \frac{\overset{9}{90}}{\underset{5}{50}} = \frac{9}{5} = 1\frac{4}{5}$

5 $2\frac{1}{3} \times 2 = \frac{7}{3} \times 2 = \frac{14}{3} = 4\frac{2}{3}$

6 (주스의 양)$= \frac{9}{\underset{10}{20}} \times \overset{3}{6} = \frac{27}{10} = 2\frac{7}{10}$ (L)

7 $1\frac{4}{5} \times 3 = \frac{9}{5} \times 3 = \frac{27}{5} = 5\frac{2}{5}$ (L)

개념 ② (자연수)×(분수) 알아보기

개념이 쉽다

1 (1) 21, 27, 189, 27, $13\frac{1}{2}$ (2) 3, 27, $13\frac{1}{2}$

(3) 3, 27, $13\frac{1}{2}$

2 (1) $\frac{3}{4}$, 6, 30 (2) 2, 15, 30

2 (1) 대분수를 (자연수)+(진분수)로 고쳐서 계산합니다.

(2) 대분수를 가분수로 고쳐서 계산합니다.

문제가 쉽다

1 2, 1, 1, 2 2 (1) 3, 2, 9, $4\frac{1}{2}$ (2) 4, 1, 4, 12

3 풀이 참조 4 (1) $3\frac{3}{7}$ (2) $43\frac{1}{2}$ 5 $2\frac{1}{2}$

6 ㉡ 7 $1\frac{1}{7}$ km

---

3 $6 \times 1\frac{4}{9} = (6 \times 1) + \left(\overset{2}{6} \times \frac{4}{\underset{3}{9}}\right) = 6 + \frac{8}{3}$

$= 6 + 2\frac{2}{3} = 8\frac{2}{3}$

4 (1) $4 \times \frac{6}{7} = \frac{4 \times 6}{7} = \frac{24}{7} = 3\frac{3}{7}$

(2) $12 \times 3\frac{5}{8} = \overset{3}{12} \times \frac{29}{\underset{2}{8}} = \frac{87}{2} = 43\frac{1}{2}$

5 $4 \times \frac{5}{8} = \frac{4 \times 5}{8} = \frac{\overset{5}{20}}{\underset{2}{8}} = \frac{5}{2} = 2\frac{1}{2}$

6 ㉠ $7 \times 2\frac{3}{8} = 7 \times \frac{19}{8} = \frac{133}{8} = 16\frac{5}{8}$

㉡ $12 \times 1\frac{5}{12} = \overset{1}{12} \times \frac{17}{\underset{1}{12}} = 17$

7 걸어간 거리는 전체 거리의 $1-\dfrac{5}{7}=\dfrac{2}{7}$ 입니다.

➡ $4\times\dfrac{2}{7}=\dfrac{8}{7}=1\dfrac{1}{7}$ (km)

개념 ③ 진분수의 곱셈 알아보기

> **개념이 쉽다**   38쪽

1 4, 2, 8   2 4, 7, 28

3 (1) 5, 21, $\dfrac{5}{21}$ (2) 1, 3, $\dfrac{5}{21}$ (3) 1, $\dfrac{5}{21}$

> **문제가 쉽다**   39쪽

1 $\dfrac{1}{18}$ 2 (1) $\dfrac{1}{48}$ (2) $\dfrac{1}{40}$ 3 (1) $\dfrac{5}{12}$ (2) $\dfrac{3}{20}$

4 $\dfrac{4}{9}$ 5 (1) $<$ (2) $>$ 6 $\dfrac{1}{21}$ 7 $\dfrac{2}{3}$ m

---

1 $\dfrac{1}{6}\times\dfrac{1}{3}$ 은 전체를 똑같이 18로 나눈 것 중의 1

입니다.

2 $\dfrac{1}{\blacksquare}\times\dfrac{1}{\bullet}=\dfrac{1}{\blacksquare\times\bullet}$

3 (1) $\dfrac{3}{4}\times\dfrac{5}{\overset{}{\underset{3}{9}}}=\dfrac{5}{12}$ (2) $\dfrac{\overset{3}{12}}{25}\times\dfrac{5}{\overset{}{\underset{4}{16}}}=\dfrac{3}{20}$

4 $\dfrac{5}{\overset{}{\underset{1}{9}}}\times\dfrac{4}{\overset{}{\underset{}{5}}}=\dfrac{4}{9}$

5 (1) $\dfrac{2}{13}\times\dfrac{1}{5}=\dfrac{2}{65}$, $\dfrac{\overset{1}{3}}{\overset{}{5}}\times\dfrac{5}{\overset{}{\underset{3}{9}}}=\dfrac{1}{3}$

(2) $\dfrac{4}{9}\times\dfrac{2}{9}=\dfrac{8}{81}$

6 $\dfrac{1}{3}\times\dfrac{1}{7}=\dfrac{1}{21}$

7 $\dfrac{\overset{2}{8}}{\overset{}{\underset{3}{9}}}\times\dfrac{3}{4}=\dfrac{2}{3}$ (m)

개념 ④ 여러 가지 분수의 곱셈 알아보기

> **개념이 쉽다**   40쪽

1 11, 4, 44, $4\dfrac{8}{9}$ 2 7, 9, 63, $6\dfrac{3}{10}$

3 7, 21, 11, 77, $9\dfrac{5}{8}$

> **문제가 쉽다**   41쪽

1 $\dfrac{1}{12}$, $\dfrac{1}{24}$ 2 풀이 참조

3 (1) $8\dfrac{3}{4}$ (2) $3\dfrac{3}{8}$ (3) $\dfrac{9}{70}$ 4 6   5 ㉠

6 $5\dfrac{13}{16}$ kg   7 5명

---

2 $4\dfrac{4}{5}\times2\dfrac{2}{9}=\dfrac{\overset{8}{24}}{\overset{}{\underset{1}{5}}}\times\dfrac{\overset{4}{20}}{\overset{}{\underset{3}{9}}}=\dfrac{32}{3}=10\dfrac{2}{3}$

대분수를 가분수로 고쳐서 계산합니다.

3 (1) $2\dfrac{1}{3}\times3\dfrac{3}{4}=\dfrac{7}{3}\times\dfrac{\overset{5}{15}}{4}=\dfrac{35}{4}=8\dfrac{3}{4}$

(2) $1\dfrac{3}{8}\times2\dfrac{5}{11}=\dfrac{\overset{1}{11}}{8}\times\dfrac{27}{\overset{}{\underset{1}{11}}}=\dfrac{27}{8}=3\dfrac{3}{8}$

(3) $\dfrac{2}{7}\times\dfrac{3}{5}\times\dfrac{3}{\overset{}{\underset{2}{4}}}=\dfrac{3}{35}\times\dfrac{3}{2}=\dfrac{9}{70}$

4 $1\dfrac{3}{5}\times3\dfrac{3}{4}=\dfrac{\overset{2}{8}}{5}\times\dfrac{\overset{3}{15}}{\overset{}{\underset{1}{4}}}=6$

5 ㉠ $2\dfrac{3}{4}\times2\dfrac{4}{5}=\dfrac{11}{\overset{}{\underset{2}{4}}}\times\dfrac{\overset{7}{14}}{5}=\dfrac{77}{10}=7\dfrac{7}{10}$

㉡ $3\dfrac{1}{6}\times1\dfrac{2}{3}=\dfrac{19}{6}\times\dfrac{5}{3}=\dfrac{95}{18}=5\dfrac{5}{18}$

6 $3\dfrac{7}{8}\times1\dfrac{1}{2}=\dfrac{31}{8}\times\dfrac{3}{2}=\dfrac{93}{16}=5\dfrac{13}{16}$ (kg)

7 (남학생 수) $=\overset{4}{36}\times\dfrac{5}{\overset{}{\underset{1}{9}}}=20$ (명)

(안경을 쓴 남학생 수) $=\overset{5}{20}\times\dfrac{1}{\overset{}{\underset{1}{4}}}=5$ (명)

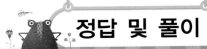
42쪽

계산이 쉽다

1 $1\frac{4}{5}$　　2 $2\frac{2}{7}$　　3 $3\frac{1}{9}$　　4 $3\frac{1}{2}$　　5 $10\frac{1}{2}$

6 $6\frac{2}{3}$　　7 $13\frac{3}{4}$　　8 $6\frac{3}{8}$　　9 $3\frac{3}{5}$ L

1 $\dfrac{3}{5}\times3=\dfrac{3\times3}{5}=\dfrac{9}{5}=1\dfrac{4}{5}$

2 $\dfrac{2}{7}\times8=\dfrac{2\times8}{7}=\dfrac{16}{7}=2\dfrac{2}{7}$

3 $\dfrac{4}{9}\times7=\dfrac{4\times7}{9}=\dfrac{28}{9}=3\dfrac{1}{9}$

4 $\dfrac{7}{12}\times6=\dfrac{7\times\overset{1}{\cancel{6}}}{\underset{2}{\cancel{12}}}=\dfrac{7}{2}=3\dfrac{1}{2}$

5 $\dfrac{7}{10}\times15=\dfrac{7\times\overset{3}{\cancel{15}}}{\underset{2}{\cancel{10}}}=\dfrac{21}{2}=10\dfrac{1}{2}$

6 $\dfrac{5}{18}\times24=\dfrac{5\times\overset{4}{\cancel{24}}}{\underset{3}{\cancel{18}}}=\dfrac{20}{3}=6\dfrac{2}{3}$

7 $\dfrac{11}{16}\times20=\dfrac{11\times\overset{5}{\cancel{20}}}{\underset{4}{\cancel{16}}}=\dfrac{55}{4}=13\dfrac{3}{4}$

8 $\dfrac{17}{32}\times12=\dfrac{17\times\overset{3}{\cancel{12}}}{\underset{8}{\cancel{32}}}=\dfrac{51}{8}=6\dfrac{3}{8}$

9 $\dfrac{3}{5}\times6=\dfrac{3\times6}{5}=\dfrac{18}{5}=3\dfrac{3}{5}$ (L)

43쪽

계산이 쉽다

1 $9\frac{3}{5}$　　2 $9\frac{1}{7}$　　3 $10\frac{1}{2}$　　4 $30\frac{1}{3}$　　5 14

6 $17\frac{1}{2}$　　7 $14\frac{1}{4}$　　8 $54\frac{3}{4}$　　9 $2\frac{1}{4}$ cm²

10 $43\frac{1}{2}$ cm²

1 $1\dfrac{3}{5}\times6=\dfrac{8}{5}\times6=\dfrac{48}{5}=9\dfrac{3}{5}$

2 $2\dfrac{2}{7}\times4=\dfrac{16}{7}\times4=\dfrac{64}{7}=9\dfrac{1}{7}$

3 $1\dfrac{3}{4}\times6=\dfrac{7}{\cancel{4}}\times\overset{3}{\cancel{6}}=\dfrac{21}{2}=10\dfrac{1}{2}$

4 $1\dfrac{4}{9}\times21=\dfrac{13}{\underset{3}{\cancel{9}}}\times\overset{7}{\cancel{21}}=\dfrac{91}{3}=30\dfrac{1}{3}$

5 $2\dfrac{1}{3}\times6=\dfrac{7}{\underset{1}{\cancel{3}}}\times\overset{2}{\cancel{6}}=14$

6 $5\dfrac{5}{6}\times3=\dfrac{35}{\underset{2}{\cancel{6}}}\times\overset{1}{\cancel{3}}=\dfrac{35}{2}=17\dfrac{1}{2}$

7 $3\dfrac{9}{16}\times4=\dfrac{57}{\underset{4}{\cancel{16}}}\times\overset{1}{\cancel{4}}=\dfrac{57}{4}=14\dfrac{1}{4}$

8 $2\dfrac{17}{28}\times21=\dfrac{73}{\underset{4}{\cancel{28}}}\times\overset{3}{\cancel{21}}=\dfrac{219}{4}=54\dfrac{3}{4}$

9 $1\dfrac{1}{8}\times2=\dfrac{9}{\underset{4}{\cancel{8}}}\times\overset{1}{\cancel{2}}=\dfrac{9}{4}=2\dfrac{1}{4}$ (cm²)

10 $8\dfrac{7}{10}\times5=\dfrac{87}{\underset{2}{\cancel{10}}}\times\overset{1}{\cancel{5}}=\dfrac{87}{2}=43\dfrac{1}{2}$ (cm²)

44쪽

계산이 쉽다

1 $4\frac{1}{2}$　　2 $12\frac{1}{2}$　　3 $7\frac{1}{2}$　　4 $10\frac{1}{2}$　　5 $5\frac{2}{3}$

6 15　　7 $10\frac{2}{7}$　　8 $8\frac{2}{5}$　　9 12명

1 $15\times\dfrac{3}{10}=\dfrac{\overset{3}{\cancel{15}}\times3}{\underset{2}{\cancel{10}}}=\dfrac{9}{2}=4\dfrac{1}{2}$

2 $20\times\dfrac{5}{8}=\dfrac{\overset{5}{\cancel{20}}\times5}{\underset{2}{\cancel{8}}}=\dfrac{25}{2}=12\dfrac{1}{2}$

3 $18\times\dfrac{5}{12}=\dfrac{\overset{3}{\cancel{18}}\times5}{\underset{2}{\cancel{12}}}=\dfrac{15}{2}=7\dfrac{1}{2}$

4 $24\times\dfrac{7}{16}=\dfrac{\overset{3}{\cancel{24}}\times7}{\underset{2}{\cancel{16}}}=\dfrac{21}{2}=10\dfrac{1}{2}$

5 $34\times\dfrac{1}{6}=\dfrac{\overset{17}{\cancel{34}}\times1}{\underset{3}{\cancel{6}}}=\dfrac{17}{3}=5\dfrac{2}{3}$

6 $24 \times \dfrac{5}{8} = \dfrac{\overset{3}{24} \times 5}{\underset{1}{8}} = 15$

7 $27 \times \dfrac{8}{21} = \dfrac{27 \times 8}{21} = \dfrac{72}{7} = 10\dfrac{2}{7}$

8 $49 \times \dfrac{6}{35} = \dfrac{\overset{7}{49} \times 6}{\underset{5}{35}} = \dfrac{42}{5} = 8\dfrac{2}{5}$

9 $30 \times \dfrac{2}{5} = \dfrac{\overset{6}{30} \times 2}{\underset{1}{5}} = 12(명)$

45쪽

> **계산이 쉽다**
>
> 1 $3\dfrac{6}{7}$ 2 $17\dfrac{1}{4}$ 3 $18\dfrac{2}{3}$ 4 $28\dfrac{1}{2}$ 5 32
>
> 6 $37\dfrac{5}{7}$ 7 $122\dfrac{2}{3}$ 8 $89\dfrac{1}{4}$ 9 $38\,\text{kg}$

1 $3 \times 1\dfrac{2}{7} = 3 \times \dfrac{9}{7} = \dfrac{27}{7} = 3\dfrac{6}{7}$

2 $6 \times 2\dfrac{7}{8} = \overset{3}{\cancel{6}} \times \dfrac{23}{\underset{4}{\cancel{8}}} = \dfrac{69}{4} = 17\dfrac{1}{4}$

3 $8 \times 2\dfrac{1}{3} = 8 \times \dfrac{7}{3} = \dfrac{56}{3} = 18\dfrac{2}{3}$

4 $9 \times 3\dfrac{1}{6} = \overset{3}{\cancel{9}} \times \dfrac{19}{\underset{2}{\cancel{6}}} = \dfrac{57}{2} = 28\dfrac{1}{2}$

5 $12 \times 2\dfrac{2}{3} = \overset{4}{\cancel{12}} \times \dfrac{8}{\underset{1}{\cancel{3}}} = 32$

6 $16 \times 2\dfrac{5}{14} = \overset{8}{\cancel{16}} \times \dfrac{33}{\underset{7}{\cancel{14}}} = \dfrac{264}{7} = 37\dfrac{5}{7}$

7 $28 \times 4\dfrac{8}{21} = \overset{4}{\cancel{28}} \times \dfrac{92}{\underset{3}{\cancel{21}}} = \dfrac{368}{3} = 122\dfrac{2}{3}$

8 $56 \times 1\dfrac{19}{32} = \overset{7}{\cancel{56}} \times \dfrac{51}{\underset{4}{\cancel{32}}} = \dfrac{357}{4} = 89\dfrac{1}{4}$

9 $4 \times 9\dfrac{1}{2} = \overset{2}{\cancel{4}} \times \dfrac{19}{\underset{1}{\cancel{2}}} = 38(\text{kg})$

46쪽

> **계산이 쉽다**
>
> 1 $\dfrac{1}{30}$ 2 $\dfrac{1}{28}$ 3 $\dfrac{1}{72}$ 4 $\dfrac{1}{60}$ 5 $\dfrac{5}{21}$ 6 $\dfrac{5}{21}$
>
> 7 $\dfrac{1}{6}$ 8 $\dfrac{2}{5}$ 9 $\dfrac{3}{5}\text{L}$

1 $\dfrac{1}{6} \times \dfrac{1}{5} = \dfrac{1}{6 \times 5} = \dfrac{1}{30}$

2 $\dfrac{1}{4} \times \dfrac{1}{7} = \dfrac{1}{4 \times 7} = \dfrac{1}{28}$

3 $\dfrac{1}{8} \times \dfrac{1}{9} = \dfrac{1}{8 \times 9} = \dfrac{1}{72}$

4 $\dfrac{1}{5} \times \dfrac{1}{12} = \dfrac{1}{5 \times 12} = \dfrac{1}{60}$

5 $\dfrac{5}{9} \times \dfrac{3}{7} = \dfrac{5 \times \overset{1}{\cancel{3}}}{\underset{3}{\cancel{9}} \times 7} = \dfrac{5}{21}$

6 $\dfrac{4}{7} \times \dfrac{5}{12} = \dfrac{\overset{1}{\cancel{4}} \times 5}{7 \times \underset{3}{\cancel{12}}} = \dfrac{5}{21}$

7 $\dfrac{8}{15} \times \dfrac{5}{16} = \dfrac{\overset{1}{\cancel{8}} \times \overset{1}{\cancel{5}}}{\underset{3}{\cancel{15}} \times \underset{2}{\cancel{16}}} = \dfrac{1}{6}$

8 $\dfrac{5}{6} \times \dfrac{12}{25} = \dfrac{\overset{1}{\cancel{5}} \times \overset{2}{\cancel{12}}}{\underset{1}{\cancel{6}} \times \underset{5}{\cancel{25}}} = \dfrac{2}{5}$

9 $\dfrac{\overset{3}{\cancel{9}}}{\underset{5}{\cancel{10}}} \times \dfrac{2}{\underset{1}{\cancel{3}}} = \dfrac{3}{5}(\text{L})$

47쪽

> **계산이 쉽다**
>
> 1 $11, 7, 77, 3\dfrac{17}{20}$ 2 $7, 5, 35, 3\dfrac{8}{9}$ 3 $5\dfrac{11}{25}$
>
> 4 $6\dfrac{2}{3}$ 5 4 6 $7\dfrac{7}{8}$ 7 $28\dfrac{4}{5}\,\text{cm}^2$
>
> 8 $14\dfrac{1}{16}\,\text{cm}^2$

1 대분수를 가분수로 고쳐서 계산합니다.

3 $1\dfrac{3}{5} \times 3\dfrac{2}{5} = \dfrac{8}{5} \times \dfrac{17}{5} = \dfrac{136}{25} = 5\dfrac{11}{25}$

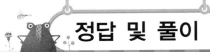

4 $3\frac{5}{9} \times 1\frac{7}{8} = \frac{32}{9} \times \frac{15}{8} = \frac{20}{3} = 6\frac{2}{3}$

5 $1\frac{1}{2} \times 2\frac{2}{3} = \frac{3}{2} \times \frac{8}{3} = 4$

6 $3\frac{3}{8} \times 2\frac{1}{3} = \frac{27}{8} \times \frac{7}{3} = \frac{63}{8} = 7\frac{7}{8}$

7 $6\frac{2}{5} \times 4\frac{1}{2} = \frac{32}{5} \times \frac{9}{2} = \frac{144}{5} = 28\frac{4}{5}$ (cm²)

8 $3\frac{3}{4} \times 3\frac{3}{4} = \frac{15}{4} \times \frac{15}{4} = \frac{225}{16} = 14\frac{1}{16}$ (cm²)

8 $3\frac{2}{5} \times 2\frac{1}{7} \times \frac{3}{34} = \frac{17}{5} \times \frac{15}{7} \times \frac{3}{34}$
$= \frac{3}{7} \times \frac{3}{2} = \frac{9}{14}$

9 $\frac{8}{9} \times \frac{3}{4} \times \frac{1}{2} = \frac{2}{3} \times \frac{1}{2} = \frac{1}{3}$ (L)

계산이 쉽다   48쪽

1 $\frac{5}{16}$ 2 $\frac{7}{60}$ 3 $\frac{5}{18}$ 4 $\frac{5}{18}$ 5 $\frac{13}{180}$

6 $\frac{1}{4}$ 7 $29\frac{1}{3}$ 8 $\frac{9}{14}$ 9 $\frac{1}{3}$ L

1 $\frac{1}{2} \times \frac{3}{4} \times \frac{5}{6} = \frac{1}{8} \times \frac{5}{2} = \frac{5}{16}$

2 $\frac{1}{3} \times \frac{3}{5} \times \frac{7}{12} = \frac{1}{5} \times \frac{7}{12} = \frac{7}{60}$

3 $\frac{5}{8} \times \frac{4}{5} \times \frac{5}{9} = \frac{1}{2} \times \frac{5}{9} = \frac{5}{18}$

4 $\frac{4}{7} \times \frac{7}{12} \times \frac{5}{6} = \frac{1}{3} \times \frac{5}{6} = \frac{5}{18}$

5 $\frac{2}{5} \times 1\frac{5}{8} \times \frac{1}{9} = \frac{2}{5} \times \frac{13}{8} \times \frac{1}{9} = \frac{13}{20} \times \frac{1}{9} = \frac{13}{180}$

6 $\frac{1}{4} \times \frac{2}{3} \times 1\frac{1}{2} = \frac{1}{6} \times \frac{3}{2} = \frac{1}{4}$

7 $\frac{11}{12} \times 1\frac{1}{3} \times 24 = \frac{11}{12} \times \frac{4}{3} \times 24 = \frac{88}{3} = 29\frac{1}{3}$

단원이 쉽다   49~52쪽

1 4, 12, $2\frac{2}{5}$ 2 (1) $1\frac{4}{5}$ (2) $1\frac{7}{9}$

3 $3\frac{4}{15}$, $4\frac{1}{5}$ 4 ㉢   5 $3\frac{3}{4}$ km   6 $7\frac{2}{5}$

7 >   8 유진, $37\frac{1}{2}$ 9 3, 15, 75, 15, $7\frac{1}{2}$

10 ③   11 $11\frac{1}{3}$ 12 풀이 참조   13 ③

14 9 cm   15 (1) $\frac{1}{30}$ (2) $\frac{7}{12}$ 16 ⑤

17 풀이 참조 ; $\frac{15}{56}$ 18 9, 7, 9, 7, 63, $3\frac{15}{16}$

19 $\frac{1}{3}$, $\frac{1}{4}$ 20 (1) $\frac{3}{8}$ (2) $3\frac{1}{3}$ 21 $2\frac{4}{7}$

22 12 cm²   23 1, 2   24 $12\frac{4}{15}$ km

25 $29\frac{1}{3}$ cm²

2 (1) $\frac{3}{5} \times 3 = \frac{9}{5} = 1\frac{4}{5}$

(2) $\frac{2}{9} \times 8 = \frac{16}{9} = 1\frac{7}{9}$

3 $\frac{7}{15} \times 7 = \frac{49}{15} = 3\frac{4}{15}$

$\frac{7}{15} \times 9 = \frac{21}{5} = 4\frac{1}{5}$

4 ㉠ $\frac{3}{5} \times 4 = \frac{12}{5} = 2\frac{2}{5}$ ㉡ $\frac{5}{6} \times 3 = \frac{5}{2} = 2\frac{1}{2}$

ⓒ $\dfrac{2}{7} \times 5 = \dfrac{10}{7} = 1\dfrac{3}{7}$

5 $\dfrac{3}{4} \times 5 = \dfrac{15}{4} = 3\dfrac{3}{4}$ (km)

6 ㉮: $2\dfrac{3}{8} \times 4 = \dfrac{19}{\overset{}{\underset{2}{8}}} \times \overset{1}{4} = \dfrac{19}{2} = 9\dfrac{1}{2}$

   ㉯: $\dfrac{3}{10} \times 7 = \dfrac{21}{10} = 2\dfrac{1}{10}$

   ㉮-㉯: $9\dfrac{1}{2} - 2\dfrac{1}{10} = 9\dfrac{5}{10} - 2\dfrac{1}{10}$
   $$= 7\dfrac{4}{10} = 7\dfrac{2}{5}$$

7 어떤 수에 1보다 큰 수를 곱하면 곱은 어떤 수보다 큽니다.

8 지현: $2\dfrac{5}{6} \times 4 = \dfrac{17}{\overset{}{\underset{3}{6}}} \times \overset{2}{4} = \dfrac{34}{3} = 11\dfrac{1}{3}$

   유진: $4\dfrac{1}{6} \times 9 = \dfrac{25}{\overset{}{\underset{2}{6}}} \times \overset{3}{9} = \dfrac{75}{2} = 37\dfrac{1}{2}$

10 ③ $\overset{3}{6} \times \dfrac{5}{\overset{}{\underset{4}{8}}} = \dfrac{15}{4} = 3\dfrac{3}{4}$

11 $5 \times 2\dfrac{4}{15} = \overset{1}{5} \times \dfrac{34}{\overset{}{\underset{3}{15}}} = \dfrac{34}{3} = 11\dfrac{1}{3}$

12 $20 \times 2\dfrac{5}{8} = \overset{5}{20} \times \dfrac{21}{\overset{}{\underset{2}{8}}} = \dfrac{105}{2} = 52\dfrac{1}{2}$

   대분수를 가분수로 고친 뒤 계산해야 합니다.

13 ① 6 ② 6 ③ 15 ④ 6 ⑤ 6

14 (세로)$= 7 \times 1\dfrac{2}{7} = \overset{1}{7} \times \dfrac{9}{\overset{}{\underset{1}{7}}} = 9$ (cm)

15 (2) $\dfrac{\overset{1}{5}}{6} \times \dfrac{7}{\overset{}{\underset{2}{10}}} = \dfrac{7}{12}$

16 단위분수는 분모가 클수록 그 값은 작아집니다.

   ① $\dfrac{1}{6}$ ② $\dfrac{1}{12}$ ③ $\dfrac{1}{20}$ ④ $\dfrac{1}{35}$ ⑤ $\dfrac{1}{48}$

17 ㉠ 팬지를 심고 난 나머지는 화단 전체의

$1 - \dfrac{2}{7} = \dfrac{5}{7}$ 입니다.

→ (허브를 심은 화단의 넓이)$= \dfrac{5}{7} \times \dfrac{3}{8} = \dfrac{15}{56}$

20 (1) $\dfrac{3}{\overset{}{\underset{1}{4}}} \times \dfrac{4}{\overset{}{\underset{1}{7}}} \times \dfrac{7}{8} = 3 \times \dfrac{1}{8} = \dfrac{3}{8}$

   (2) $1\dfrac{1}{3} \times 6 \times \dfrac{5}{12} = \dfrac{4}{\overset{}{\underset{1}{3}}} \times \overset{2}{6} \times \dfrac{5}{\overset{}{\underset{3}{12}}}$
   $$= 2 \times \dfrac{5}{3} = \dfrac{10}{3} = 3\dfrac{1}{3}$$

21 $\dfrac{2}{\overset{}{\underset{1}{5}}} \times \dfrac{3}{7} \times \overset{3}{15} = \dfrac{6}{7} \times 3 = \dfrac{18}{7} = 2\dfrac{4}{7}$

22 (직사각형의 넓이)=(가로)×(세로)
   $$= 5\dfrac{1}{3} \times 2\dfrac{1}{4} = \dfrac{\overset{4}{16}}{\overset{}{\underset{1}{3}}} \times \dfrac{\overset{3}{9}}{\overset{}{\underset{1}{4}}}$$
   $$= 12 \text{ (cm}^2)$$

23 $8 \times \square$ 가 24보다 작아야 합니다.

   따라서 $\dfrac{1}{24} < \dfrac{1}{8 \times \square}$ 이므로 □ 안에는 1, 2가 들어갈 수 있습니다.

24 2시간 40분 $= 2\dfrac{40}{60}$ 시간 $= 2\dfrac{2}{3}$ 시간이므로

   $4\dfrac{3}{5} \times 2\dfrac{2}{3} = \dfrac{23}{5} \times \dfrac{8}{3} = \dfrac{184}{15} = 12\dfrac{4}{15}$ (km)

25 $6\dfrac{2}{3} \times 5\dfrac{1}{2} \times \dfrac{4}{5} = \dfrac{\overset{4}{20}}{3} \times \dfrac{11}{\overset{}{\underset{1}{2}}} \times \dfrac{\overset{2}{4}}{\overset{}{\underset{1}{5}}} = \dfrac{44}{3} \times 2$
   $$= \dfrac{88}{3} = 29\dfrac{1}{3} \text{ (cm}^2)$$

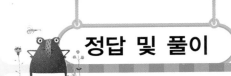
3단원

개념 1 도형의 합동 알아보기

개념이 **쉽다**   54쪽

1 (1) 합동 (2) 라, 마   2 다   3 나

3 포개었을 때 완전히 겹치는 도형을 찾아봅니다.

문제가 **쉽다**   55쪽

1 합동   2 ( ) ( ) (○)   3 ㄴ, ㄹ

4 나, 마, 바

5 ㉯와 ㉲, ㉳와 ㉱   6 예

2 주어진 도형과 모양과 크기가 같아서 포개었을
때 완전히 겹치는 도형을 찾아봅니다.

4 점선을 따라 잘라서 포개었을 때 완전히 겹치는
도형은 나, 마, 바입니다.

5 도형의 모양, 변의 길이, 지름 등을 비교하여 찾
습니다.

6 주어진 도형과 포개었을 때 완전히 겹치도록 그
립니다.

개념 2 합동인 도형의 성질 알아보기

개념이 **쉽다**   56쪽

1 (1) 점 ㅅ (2) 변 ㅁㅂ (3) 각 ㅁㅇㅅ

2 (1) 점 ㄹ (2) 변 ㄹㅁ (3) 각 ㄹㅂㅁ

1 점 ㄷ은 점 ㅅ, 변 ㄱㄴ은 변 ㅁㅂ, 각 ㄱㄹㄷ은
각 ㅁㅇㅅ과 겹칩니다.

2 (1) 점 ㄱ과 겹치는 점은 점 ㄹ입니다.

(2) 변 ㄱㄷ과 겹치는 변은 변 ㄹㅁ입니다.

(3) 각 ㄱㄴㄷ과 겹치는 각은 각 ㄹㅂㅁ입니다.

문제가 **쉽다**   57쪽

1 (1) 점 ㅅ (2) 변 ㅂㅁ (3) 각 ㅅㅇㅁ   2 6, 6, 6

3 (1) ㅁㅂ (2) ㄹㅂㅁ

4 (1) 11 cm (2) 7 cm (3) 30°

5 (1) 6 cm (2) 12 cm (3) 105° (4) 50°

1 (1) 점 ㄴ과 겹치는 점은 점 ㅅ입니다.

(2) 변 ㄷㄹ과 겹치는 변은 변 ㅂㅁ입니다.

(3) 각 ㄴㄱㄹ과 겹치는 각은 각 ㅅㅇㅁ입니다.

4 (1) 변 ㄱㄴ의 대응변은 변 ㅁㅂ이므로 11 cm입
니다.

(2) 변 ㄱㄷ의 대응변은 변 ㅁㄹ이므로 7 cm입
니다.

(3) 각 ㄱㄴㄷ의 대응각은 각 ㅁㅂㄹ이므로 30°
입니다.

5 (1) 변 ㄱㄴ의 대응변은 변 ㅇㅅ이므로 6 cm입
니다.

(2) 변 ㅇㅁ의 대응변은 변 ㄱㄹ이므로 12 cm입
니다.

(3) 각 ㄱㄴㄷ의 대응각은 각 ㅇㅅㅂ이므로
105° 입니다.

(4) 각 ㅇㅁㅂ의 대응각은 각 ㄱㄹㄷ이므로 50°
입니다.

개념 3 선대칭도형과 그 성질 알아보기

개념이 **쉽다**   58쪽

1 (1) ㉢ (2) ㉡   2 (1) ㄹㅁ (2) 대응점 (3) ㄱ

문제가 쉽다

1 가, 나, 라, 바   2 ㅇ, ㅅ   3 ㄱㅇ, ㅅㅂ

4 ㄱㅇㅅ, ㅅㅂㅁ

5 (1)   (2)

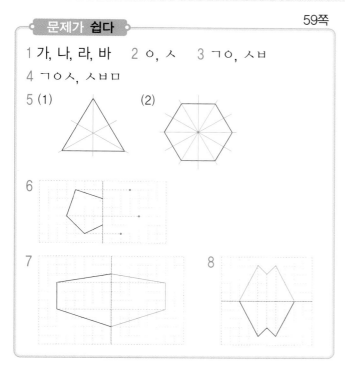

6

7

8

7 대칭축을 따라 접었을 때 완전히 포개어지도록 그립니다.

개념 ④ 점대칭도형과 그 성질 알아보기

개념이 쉽다

1 (1) 180°   (2) 점대칭도형   (3) 대칭의 중심

2 (1)   (2) 점 ㄷ

(3)

문제가 쉽다

1 (○) (   ) (○)   2 ㄹㅁ   3 ㅁㅂㄱ

4 (1) 같습니다에 ○표   (2) 같습니다에 ○표

5 ㄹㅇ, ㅁㅇ   6

7   8

6 대칭의 중심에서 같은 거리에 있는 대응점을 찾습니다.

8 ① 각 점에서 대칭의 중심을 지나는 직선을 긋습니다.

② 각 점에서 대칭의 중심까지의 길이가 같도록 대응점을 찾아 표시합니다.

③ 각 대응점을 이어 점대칭도형을 완성합니다.

계산이 쉽다

1 다   2 라   3 나와 아, 라와 바

4 예   5 예

4 주어진 도형과 포개었을 때 완전히 겹치도록 그립니다.

계산이 쉽다

1 점 ㅁ   2 변 ㅅㅂ   3 각 ㅅㅇㅁ   4 4 cm

5 125°   6 33°

4 (변 ㄹㅂ)=(변 ㄱㄷ)=4 cm

5 (각 ㄹㅁㅂ)=(각 ㄱㄴㄷ)=125°

6 (각 ㄹㅂㅁ)=(각 ㄱㄷㄴ)=33°

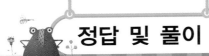
계산이 쉽다

1 직선 ㅅㅇ   2 (1) 점 ㅂ (2) 점 ㅁ

3 (1) 변 ㄱㅂ (2) 변 ㅂㅁ (3) 변 ㅁㄹ

4 (1) 각 ㄱㅂㅁ (2) 각 ㅂㅁㄹ

5 ; 2개   6 ; 5개

1 한 직선을 따라 접어서 완전히 겹치는 도형을 선대칭도형이라 하고 이때 그 직선을 대칭축이라고 합니다.

2 대칭축을 따라 포개었을 때 겹치는 점을 찾습니다.

3 대칭축을 따라 포개었을 때 겹치는 변을 찾습니다.

4 대칭축을 따라 포개었을 때 겹치는 각을 찾습니다.

5~6 선대칭도형에서 대칭축은 여러 개가 있을 수 있습니다.

계산이 쉽다

1 점대칭도형

2 (1) 점 ㄷ (2) 점 ㄹ (3) 변 ㄷㄹ (4) 변 ㄹㄱ
  (5) 각 ㄹㄷㄴ (6) 각 ㄷㄹㄱ

3 (1) 점 ㅂ (2) 점 ㄱ (3) 변 ㅂㄱ (4) 변 ㄹㅁ
  (5) 각 ㅁㅂㄱ (6) 각 ㅂㄱㄴ   4 4 cm   5 60°

1 어떤 점을 중심으로 180° 돌렸을 때, 처음 도형과 완전히 겹치는 도형을 점대칭도형이라고 합니다.

2~3 점 ㅇ을 중심으로 180° 돌렸을 때 겹치는 점, 변, 각을 찾아봅니다.

4 (변 ㄴㄷ)=(변 ㄹㄱ)=4 cm

5 (각 ㄴㄷㄹ)=(각 ㄹㄱㄴ)=60°

계산이 쉽다

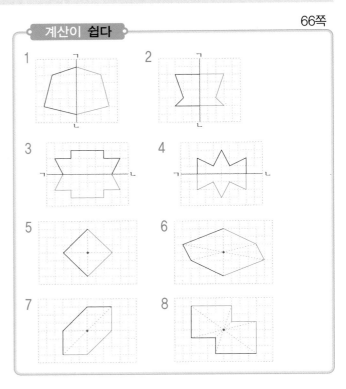

1~4 대칭축으로부터 거리가 같고 방향은 반대인 곳에 대응점을 찍고 차례로 잇습니다.

5~8 각 점에서 대칭의 중심까지의 길이와 같도록 대응점을 찾아 표시한 후 각 대응점을 이어 점대칭도형을 완성합니다.

단원이 쉽다

1 합동   2 ㉢   3 ㉕   4 ①, ⑤

5 12 cm

6 60°

7 100°   8 풀이 참조 ; 4 cm   9 ㉣   10 6개

11 점 ㅅ   12 변 ㄴㄷ   13 다   14 40°

15 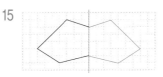   16 8 cm

17 ①

18 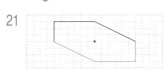   19 7 cm   20 40°

21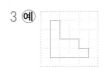

22
23 10 cm
24 60 cm
25 34 cm

2 합동인 도형은 서로 모양과 크기가 같고, 포개었을 때 완전히 겹칩니다.

3 주어진 도형과 포개었을 때 완전히 겹치도록 그립니다.

4 만들어진 두 도형이 서로 모양과 크기가 같아서 포개었을 때 완전히 겹치는지 확인합니다.

5 변 ㅂㄹ의 대응변은 변 ㄴㄷ이므로 변 ㅂㄹ은 12 cm입니다.

6 각 ㄱㄷㄴ의 대응각은 각 ㅁㄹㅂ이므로 각 ㄱㄷㄴ은 60°입니다.

7 각 ㄴㄱㄹ의 대응각은 각 ㅅㅇㅁ이므로
(각 ㄴㄱㄹ)=(각 ㅅㅇㅁ)
=360°−105°−65°−90°=100°

8 예 변 ㄷㄹ의 대응변은 변 ㅁㅂ이므로 변 ㅁㅂ의 길이를 구합니다.
(변 ㄷㄹ)=(변 ㅁㅂ)=21−7−4−6=4(cm)

9 선대칭도형은 대칭축으로 접으면 완전히 겹칩니다.
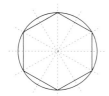

10
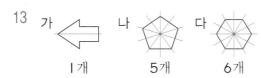

11 대칭축을 따라 포개었을 때 점 ㄷ과 겹치는 점은 점 ㅅ입니다.

12 대칭축을 따라 포개었을 때 변 ㅇㅅ과 겹치는 변은 변 ㄴㄷ입니다.

13 가 1개 나 5개 다 6개

14 각 ㄱㄷㄹ의 대응각은 각 ㄱㄴㄹ이므로

각 ㄱㄷㄹ은 40°입니다.

15 대칭축을 따라 접었을 때 완전히 포개어지도록 그립니다.

16 선대칭도형에서 대응점끼리 이은 선분은 대칭축에 의하여 똑같이 둘로 나누어지므로 선분 ㄴㅅ은 16÷2=8(cm)입니다.

17 어떤 점을 중심으로 180° 돌렸을 때 처음 도형과 완전히 겹치는 도형을 점대칭도형이라고 합니다.

18 각 대응점끼리 이은 선분이 만나는 점이 대칭의 중심입니다.

19 (변 ㅁㅂ)=(변 ㄴㄷ)=7 cm

20 (각 ㄴㄱㅂ)=(각 ㅁㄹㄷ)=40°

21 ① 각 점에서 대칭의 중심을 지나는 직선을 긋습니다.
② 각 점에서 대칭의 중심까지의 길이가 같도록 대응점을 찾아 표시합니다.
③ 각 대응점을 이어 점대칭도형을 완성합니다.

23 변 ㅁㄷ의 대응변은 변 ㄴㄷ이므로 변 ㅁㄷ은 10 cm입니다.

24 삼각형 ㄹㅁㄷ의 둘레는 삼각형 ㄱㄴㄷ의 둘레와 같으므로 삼각형 ㄹㅁㄷ의 둘레는 26+10+14+10=60(cm)입니다.

25
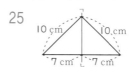
→ 둘레=(10+7)×2
=34 (cm)

4단원

개념1 (소수)×(자연수)(1)

72쪽

개념이 쉽다

1 4, 1.2 **2** (1) 4, 4, 28, 2.8 (2) 28, 2.8
3 (1) 0.5, 0.5, 1.5 (2) 5, 3, 15, 1.5 (3) 15, 1.5

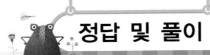

문제가 쉽다

1 풀이 참조   2 32, 32, 3.2
3 (1) 5, 5, 5, 25, 2.5 (2) 9, 4, 9, 4, 36, 3.6
4 (1) 4.8 (2) 0.28   5 2.7, 3.78   6 ㉡   7 <
8 0.96 L

1 (1) 0.2×3=0.2+0.2+0.2=0.6
  (2) 0.3×5=0.3+0.3+0.3+0.3+0.3=1.5

4 (1) $0.6×8=\dfrac{6}{10}×8=\dfrac{6×8}{10}=\dfrac{48}{10}=4.8$

  (2) 0.04는 0.01이 4개이므로
    0.04×7은 0.01이 28개입니다.
    따라서 0.04×7=0.28입니다.

5 (1) 0.3×9=2.7
  (2) 0.42×9=3.78

6 ㉠ 0.38×7은 0.4와 7의 곱인 2.8보다 작고,
  ㉡ 0.42×8은 0.4와 8의 곱인 3.2보다 크고,
  ㉢ 0.58×5는 0.6과 5의 곱인 3보다 작습니다.
  따라서 계산 결과가 3보다 큰 것은 ㉡입니다.

7 0.57×6=3.42, 0.9×4=3.6

8 0.32×3=0.96 (L)

개념② (소수)×(자연수)(2)

개념이 쉽다

1 (1) 1.2, 1.2, 1.2, 4.8 (2) 12, 4, 48, 4.8
  (3) 48, 4.8
2 예   ; 4.8

3 75, $\dfrac{1}{10}$, 7.5

3 곱해지는 수가 $\dfrac{1}{10}$배가 되면 계산 결과도 $\dfrac{1}{10}$
  배가 됩니다.

문제가 쉽다

1 (1) 2.4, 2.4, 2.4, 7.2
  (2) 5.2, 5.2, 5.2, 5.2, 20.8
2 63, 63, 6.3   3 풀이 참조
4 (1) 7.2 (2) 14.4   5 23.5, 23.87   6 ㉡
7 <   8 13.5 km

3 (1) $3.6×8=\dfrac{36}{10}×8=\dfrac{36×8}{10}=\dfrac{288}{10}=28.8$

  (2) $1.8×14=\dfrac{18}{10}×14=\dfrac{18×14}{10}=\dfrac{252}{10}$
    $=25.2$

4 (1) 1.8×4=1.8+1.8+1.8+1.8=7.2
  (2) $2.4×6=\dfrac{24}{10}×6=\dfrac{24×6}{10}=\dfrac{144}{10}=14.4$

5 (1) 4.7×5=23.5
  (2) 3.41×7=23.87

6 ㉠ 3.7×2는 3과 2의 곱인 6보다 크고,
  ㉡ 1.3×4는 1.5와 4의 곱인 6보다 작고,
  ㉢ 2.2×3은 2와 3의 곱인 6보다 큽니다.
  따라서 계산 결과가 6보다 작은 것은 ㉡입니다.

7 6.4×3=19.2, 2.8×8
        =22.4

8 (5일 동안 달린 거리)
  =(하루에 달린 거리)×(날수)
  =2.7×5
  =13.5 (km)

개념③ (자연수)×(소수)(1)

개념이 쉽다

1 (1) 6, 6, 18, 1.8 (2) 1.8 ; 1, 1
2 (1) 3.2 (2) 8, 8, 32, 3.2 (3) 32, 10, 3.2

문제가 쉽다 ● 77쪽

1 (1) 4, 4, 28, 2.8 (2) 6, 12, 6, 72, 7.2

2 (1) 63, $\dfrac{1}{10}$, 6.3 (2) 322, $\dfrac{1}{100}$, 3.22

3 (1) 4.8 (2) 9.2 4 풀이 참조 5 15.6

6 ㉡ 7 (1) < (2) =

3 (1) $8 \times 0.6 = 8 \times \dfrac{6}{10} = \dfrac{8 \times 6}{10} = \dfrac{48}{10} = 4.8$

(2) $23 \times 0.4 = 23 \times \dfrac{4}{10} = \dfrac{23 \times 4}{10} = \dfrac{92}{10} = 9.2$

4 $20 \times 0.6 = 20 \times \dfrac{6}{10} = \dfrac{20 \times 6}{10} = \dfrac{120}{10} = 12$

5 $26 \times 0.6 = 15.6$

6 ㉠ 4의 0.65는 4의 0.7배인 2.8보다 작고,

㉡ 5의 0.62배는 5의 0.6배인 3보다 크고,

㉢ 3×0.9는 3보다 작습니다.

따라서 계산 결과가 3보다 큰 것은 ㉡입니다.

7 (1) $7 \times 0.3 = 2.1$, $7 \times 0.5 = 3.5$

(2) $11 \times 0.6 = 6.6$, $33 \times 0.2 = 6.6$

개념 ④ (자연수)×(소수)(2)

개념이 쉽다 ● 78쪽

1 (1) 6, 2.4, 8.4 (2) 14, 14, 84, 8.4

2 (1) 37, 37, 185, 18.5

(2) 185, 10, 18.5 ; 1, 1

문제가 쉽다 ● 79쪽

1 (1) 13, 13, 234, 23.4 (2) 29, 29, 406, 40.6

2 (1) 144, $\dfrac{1}{10}$, 14.4 (2) 540, $\dfrac{1}{10}$, 54

3 풀이 참조 4 (1) 100.7 (2) 109.2 5 18.2

6 ㉢ 7 20.8 m²

3 (1) $7 \times 1.6 = 7 \times \dfrac{16}{10} = \dfrac{7 \times 16}{10} = \dfrac{112}{10} = 11.2$

(2) $18 \times 2.4 = 18 \times \dfrac{24}{10} = \dfrac{18 \times 24}{10} = \dfrac{432}{10}$
$= 43.2$

4 (1) $53 \times 19 = 1007$

$53 \times 1.9 = 100.7$ ($\dfrac{1}{10}$배, $\dfrac{1}{10}$배)

(2) $26 \times 42 = 1092$

$26 \times 4.2 = 109.2$ ($\dfrac{1}{10}$배, $\dfrac{1}{10}$배)

5 $14 \times 1.3 = 18.2$

6 ㉠ 3의 1.8배는 3의 2배인 6보다 작고,

㉡ 2×2.7은 2와 3의 곱인 6보다 작고,

㉢ 4의 1.92는 4의 1.5배인 6보다 큽니다.

따라서 계산 결과가 6보다 큰 것은 ㉢입니다.

7 (평행사변형의 넓이)=(밑변의 길이)×(높이)
$= 8 \times 2.6 = 20.8 (\text{m}^2)$

계산이 쉽다 ● 80쪽

1 3, 3, 21, 2.1 2 6, 6, 4, 24, 2.4

3 9, 9, 13, 117, 11.7

4 28, 28, 6, 168, 1.68 5 36, 3.6

6 105, $\dfrac{1}{10}$, 10.5 7 102, $\dfrac{1}{100}$, 1.02

8 258, $\dfrac{1}{100}$, $\dfrac{1}{100}$, 2.58

계산이 쉽다 ● 81쪽

1 12, 12, 36, 3.6 2 23, 23, 4, 92, 9.2

3 37, 37, 5, 185, 18.5

4 182, 182, 6, 1092, 10.92

5 64, 6.4 6 168, 16.8 7 245, $\dfrac{1}{10}$, 24.5

8 4184, $\dfrac{1}{100}$, $\dfrac{1}{100}$, 41.84

계산이 쉽다

1~4 풀이 참조 5 1.8 6 3.2 7 2.66
8 31.2 9 12.45 10 26.96 11 27.45
12 102.24

1 $0.8 \times 8 = \dfrac{8}{10} \times 8 = \dfrac{64}{10} = 6.4$

2 $4.8 \times 7 = \dfrac{48}{10} \times 7 = \dfrac{336}{10} = 33.6$

3 $5.34 \times 9 = \dfrac{534}{100} \times 9 = \dfrac{4806}{100} = 48.06$

4 $9.68 \times 7 = \dfrac{968}{100} \times 7 = \dfrac{6776}{100} = 67.76$

5 $0.2 \times 9 = \dfrac{2}{10} \times 9 = \dfrac{2 \times 9}{10} = \dfrac{18}{10} = 1.8$

6 $0.4 \times 8 = \dfrac{4}{10} \times 8 = \dfrac{4 \times 8}{10} = \dfrac{32}{10} = 3.2$

7 $38 \times 7 = 266$
$\quad\Big)\dfrac{1}{100}$배 $\qquad\Big)\dfrac{1}{100}$배
$0.38 \times 7 = 2.66$

8 $52 \times 6 = 312$
$\quad\Big)\dfrac{1}{10}$배 $\qquad\Big)\dfrac{1}{10}$배
$5.2 \times 6 = 31.2$

9 $415 \times 3 = 1245$
$\quad\Big)\dfrac{1}{100}$배 $\qquad\Big)\dfrac{1}{100}$배
$4.15 \times 3 = 12.45$

10 $674 \times 4 = 2696$
$\quad\Big)\dfrac{1}{100}$배 $\qquad\Big)\dfrac{1}{100}$배
$6.74 \times 4 = 26.96$

11 $305 \times 9 = 2745$
$\quad\Big)\dfrac{1}{100}$배 $\qquad\Big)\dfrac{1}{100}$배
$3.05 \times 9 = 27.45$

12 $284 \times 36 = 10224$
$\quad\Big)\dfrac{1}{100}$배 $\qquad\Big)\dfrac{1}{100}$배
$2.84 \times 36 = 102.24$

계산이 쉽다

1 7, 7, 35, 3.5 2 3, 8, 3, 24, 2.4
3 5, 9, 5, 45, 4.5 4 28, 6, 28, 168, 1.68
5 12, 1.2 6 42, $\dfrac{1}{10}$, 4.2
7 96, $\dfrac{1}{10}$, $\dfrac{1}{10}$, 9.6 8 216, $\dfrac{1}{100}$, $\dfrac{1}{100}$, 2.16

계산이 쉽다

1 16, 16, 64, 6.4 2 24, 7, 24, 168, 16.8
3 45, 3, 45, 135, 13.5
4 28, 15, 28, 420, 42 5 95, 9.5
6 184, $\dfrac{1}{10}$, 18.4 7 126, $\dfrac{1}{10}$, $\dfrac{1}{10}$, 12.6
8 994, $\dfrac{1}{100}$, $\dfrac{1}{100}$, 9.94

계산이 쉽다

1~4 풀이 참조 5 2.1 6 7.2 7 13.5
8 10.4 9 1.41 10 14.84 11 68.4
12 53.56

1 $9 \times 0.6 = 9 \times \dfrac{6}{10} = \dfrac{9 \times 6}{10} = \dfrac{54}{10} = 5.4$

2 $47 \times 0.5 = 47 \times \dfrac{5}{10} = \dfrac{47 \times 5}{10} = \dfrac{235}{10} = 23.5$

3 $83 \times 0.08 = 83 \times \dfrac{8}{100} = \dfrac{83 \times 8}{100} = \dfrac{664}{100} = 6.64$

4 $76 \times 5.2 = 76 \times \dfrac{52}{10} = \dfrac{76 \times 52}{10}$
$\quad = \dfrac{3952}{10} = 395.2$

5 $3 \times 0.7 = 3 \times \dfrac{7}{10} = \dfrac{3 \times 7}{10} = \dfrac{21}{10} = 2.1$

6 $8 \times 0.9 = 8 \times \dfrac{9}{10} = \dfrac{8 \times 9}{10} = \dfrac{72}{10} = 7.2$

7 $15 \times 0.9 = 15 \times \dfrac{9}{10} = \dfrac{15 \times 9}{10} = \dfrac{135}{10} = 13.5$

8 $4 \times 2.6 = 4 \times \dfrac{26}{10} = \dfrac{4 \times 26}{10} = \dfrac{104}{10} = 10.4$

9 $47 \times \quad 3 \quad = 141$

$\Big) \dfrac{1}{100}$배 $\quad \Big) \dfrac{1}{100}$배

$47 \times 0.03 = 1.41$

10 $28 \times \quad 53 \quad = 1484$

$\Big) \dfrac{1}{100}$배 $\quad \Big) \dfrac{1}{100}$배

$28 \times 0.53 = 14.84$

11 $36 \times \quad 19 \quad = 684$

$\Big) \dfrac{1}{10}$배 $\quad \Big) \dfrac{1}{10}$배

$36 \times 1.9 = 68.4$

12 $52 \times \quad 103 \quad = 5356$

$\Big) \dfrac{1}{100}$배 $\quad \Big) \dfrac{1}{100}$배

$52 \times 1.03 = 53.56$

4 (1)

```
   23              0.2 3
 ×  9    ➡      ×   0.9
 207            0.2 0 7
```

(2)

```
    5              0.5
 ×  5    ➡      × 0.5
   25             0.2 5
```

(3)

```
    4              0.0 4
 ×  5    ➡      ×   0.5
   20            0.0 2 0̸
```

(4)

```
   76              0.7 6
 ×18     ➡      ×  0.1 8
 1368           0.1 3 6 8
```

5 ㉠ $0.29 \times 0.7 = 0.203$

㉡ $0.6 \times 0.33 = 0.198$

6 $0.9 \times 0.7 = 0.63$(km)

개념⑤ (소수)×(소수)(1)

> **개념이 쉽다** 86쪽
>
> 1 (1) 0.01 (2) 56 (3) 0.56 (4) 0.56
>
> 2 (1) 4, 3, 12, 0.012 (2) 12, $\dfrac{1}{1000}$, 0.012

> **문제가 쉽다** 87쪽
>
> 1 48개 2 8, 6, 48, 0.48 3 ㉡
>
> 4 (1) 0.207 (2) 0.25 (3) 0.02 (4) 0.1368
>
> 5 ㉠ 6 0.63km

1 가로 8칸, 세로 6칸이므로 8×6=48(개)입니다.

2 소수 한 자리 수는 분모가 10인 분수로 고칩니다.

3 $0.41 \times 0.21 = \dfrac{41}{100} \times \dfrac{21}{100} = \dfrac{861}{10000}$
$$= 0.0861$$

개념⑥ (소수)×(소수)(2)

> **개념이 쉽다** 88쪽
>
> 1 (1) 72, 14, 1008, 10.08 (2) 1008, 10.08
>
> (3) 큰에 ○표, 10.08
>
> 2 (1) 409, 66, 26994, 26.994
>
> (2) 26994, 26.994
>
> 3 2.835

> **문제가 쉽다** 89쪽
>
> 1 31, 29, 899, 8.99   2 1161, $\dfrac{1}{100}$, 11.61
>
> 3 4550, 3.25, 4.55   4 풀이 참조
>
> 5 (1) 8.05 (2) 10.34 (3) 2.725 (4) 9.24 6 >
>
> 7 ② $\begin{array}{r} 2.5 \\ \times 3.6 \\ \hline 9.0\,0 \end{array}$ ① $\begin{array}{r} 2.6 \\ \times 3.5 \\ \hline 9.1\,0 \end{array}$ ③ $\begin{array}{r} 2.5 \\ \times 3.4 \\ \hline 8.5\,0 \end{array}$

4 $1.23 \times 3.4 = \dfrac{123}{100} \times \dfrac{34}{10} = \dfrac{4182}{1000} = 4.182$

5 (1) $2.3 \times 3.5 = \dfrac{23}{10} \times \dfrac{35}{10} = \dfrac{805}{100} = 8.05$

(4) $528 \times 175 = 92400$

$\rightarrow 5.28 \times 1.75 = 9.24\cancel{0}\cancel{0}$

6 $1.7 \times 43.6 = 74.12 \rightarrow 74.31 > 74.12$

7
$$\begin{array}{r} 2.5 \\ \times\ 3.6 \\ \hline 150 \\ 75 \\ \hline 9.0\cancel{0} \end{array}$$
$$\begin{array}{r} 2.6 \\ \times\ 3.5 \\ \hline 130 \\ 78 \\ \hline 9.1\cancel{0} \end{array}$$
$$\begin{array}{r} 2.5 \\ \times\ 3.4 \\ \hline 100 \\ 75 \\ \hline 8.5\cancel{0} \end{array}$$

개념 7 곱의 소수점 위치

개념이 쉽다 90쪽

1 (1) 2.7, 27, 270 (2) 1.48, 14.8, 148, 1480
(3) 오른쪽에 ○표

2 (1) 36, 3.6, 0.36
(2) 524, 52.4, 5.24, 0.524 (3) 왼쪽에 ○표

문제가 쉽다 91쪽

1 5.3, 53, 530 2 1.6, 0.16, 0.016
3 3712, 3.712, 3.712
4 13.23, 1.323, 1.323
5 (1) 10, 58, 1000 (2) 0.1, 4.5, 0.001
6 6.23 kg, 62.3 kg, 623 kg

1 곱하는 수의 0이 하나씩 늘어날 때마다 곱의 소
수점이 오른쪽으로 한 자리씩 옮겨집니다.

2 곱하는 소수의 소수점 아래 자리 수가 하나씩
늘어날 때마다 곱의 소수점이 왼쪽으로 한 자리
씩 옮겨집니다.

3 6.4×580은 6.4×58보다 58에 0이 1개 더
있으므로 371.2에서 소수점을 오른쪽으로 한
자리 옮기면 3712입니다.

0.064×58은 6.4×58보다 6.4에 소수점 아
래 자리 수가 2개 더 늘어났으므로 371.2에서
소수점이 왼쪽으로 두 자리 옮기면 3.712입니
다.

4 곱하는 두 수의 소수점 아래 자리 수를 더한 것
과 결과 값의 소수점 아래 자리 수가 같습니다.

5 곱하는 수가 10, 100, 1000이면 0의 수만큼
오른쪽으로 소수점을 옮기고, 0.1, 0.01,
0.001이면 소수점 아래 자리 수만큼 왼쪽으로
소수점을 옮깁니다.

6 $0.623 \times 10 = 6.23$,
$0.623 \times 100 = 62.3$,
$0.623 \times 1000 = 623$

계산이 쉽다 92쪽

1 3, 9, 27, 0.27   2 6, 7, 42, 0.42
3 45, $\dfrac{1}{100}$, 0.45   4 161, $\dfrac{1}{1000}$, 0.161
5 0.24   6 0.3   7 0.028   8 0.664
9 0.156   10 0.0152   11 0.0645
12 0.1656

9
$$\begin{array}{r} 0.4 \\ \times\ 3.9 \\ \hline 36 \\ 12 \\ \hline 0.156 \end{array}$$

11
$$\begin{array}{r} 0.15 \\ \times\ 0.43 \\ \hline 45 \\ 60 \\ \hline 0.0645 \end{array}$$

12
$$\begin{array}{r} 0.18 \\ \times\ 0.92 \\ \hline 36 \\ 162 \\ \hline 0.1656 \end{array}$$

계산이 쉽다

93쪽

1~5 풀이 참조

1 예 7 × 8 = 56
     $\frac{1}{10}$배 $\frac{1}{10}$배 $\frac{1}{100}$배
   0.7 × 0.8 = 0.56

2 예 $0.35 \times 0.6 = \frac{35}{100} \times \frac{6}{10} = \frac{210}{1000} = 0.21$

3 예 9×24=216인데 0.9에 0.24를 곱하면 1
   의 0.24배인 0.24보다 작아야 하므로
   0.216입니다.

4 예 54 × 4 = 216
     $\frac{1}{100}$배 $\frac{1}{10}$배 $\frac{1}{1000}$배
   0.54 × 0.4 = 0.216

5 예 $0.63 \times 0.5 = \frac{63}{100} \times \frac{5}{10} = \frac{315}{1000} = 0.315$

계산이 쉽다

94쪽

1 24, 18, 432, 4.32
2 436, 17, 7412, 7.412
3 368, $\frac{1}{100}$, 3.68   4 952, $\frac{1}{100}$, 9.52
5 8.84   6 17.55   7 24.24   8 22.635
9 11.18   10 12.73   11 36.848
12 7.4048

9
```
    2.6
  ×  4.3
    7 8
  1 0 4
  1 1.1 8
```

10
```
    6.7
  ×  1.9
  6 0 3
  6 7
  1 2.7 3
```

11
```
    7.5 2
  ×    4.9
  6 7 6 8
  3 0 0 8
  3 6.8 4 8
```

12
```
    3.5 6
  ×  2.0 8
  2 8 4 8
  7 1 2
  7.4 0 4 8
```

계산이 쉽다

95쪽

1~5 풀이 참조

1 예 26 × 19 = 494
     $\frac{1}{10}$배 $\frac{1}{10}$배 $\frac{1}{100}$배
   2.6 × 1.9 = 4.94

2 예 $4.7 \times 5.3 = \frac{47}{10} \times \frac{53}{10} = \frac{2491}{100} = 24.91$

3 예 225×13=2925인데 2.25에 1.3을 곱하
   면 2.25의 1배인 2.25보다 커야 하므로
   2.925입니다.

4 예 56 × 285 = 15960
     $\frac{1}{10}$배 $\frac{1}{100}$배 $\frac{1}{1000}$배
   5.6 × 2.85 = 15.96

5 예 $3.72 \times 6.2 = \frac{372}{100} \times \frac{62}{10} = \frac{23064}{1000}$
                    $= 23.064$

계산이 쉽다

96쪽

1 8.2, 82, 820   2 63.1, 631, 6310
3 51.6, 516, 5160   4 29, 2.9, 0.29
5 72, 7.2, 0.72   6 36, 3.6, 0.36
7 1702, 1.702   8 19.44, 1.944

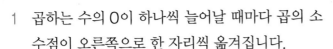

1 곱하는 수의 0이 하나씩 늘어날 때마다 곱의 소수점이 오른쪽으로 한 자리씩 옮겨집니다.

5 곱하는 소수의 소수점 아래 자리 수가 하나씩 늘어날 때마다 곱의 소수점이 왼쪽으로 한 자리씩 옮겨집니다.

8 곱하는 두 수의 소수점 아래 자리 수를 더한 것과 결과 값의 소수점 아래 자리 수가 같습니다.

단원이 쉽다　　　　　　　　　　　97~100쪽

1 8, 8, 13, 104, 10.4　　2 (1) 2.8　(2) 1.6

3 7, 7, 266, 2.66　　4 4.5, 81　　5 0.84 kg

6 19.68 m²　　7 56, $\frac{1}{10}$, $\frac{1}{10}$, 5.6

8 (1) 20.8　(2) 2.66　　9 8.4 km

10 4, 7, 28, 0.28

11 (1) 0.06　(2) 0.02　(3) 0.372　　12 ㉡　　13 =

14 0.054 m²　　15 풀이 참조　　16

17 예 0.45, 6(또는 4.5×0.6)

18 풀이 참조 ; 56.875 L

19 51.06, 510.6　　20 ㉠

21 (1) 0.72　(2) 0.057

22 (1) 0.01　(2) 0.1　(3) 0.1　　23 ㉠　　24 1.3 kg

25 4 m²

16
$$
\begin{array}{r}
8.6 \\
\times\ 6.0\,5 \\
\hline
4\,3\,0 \\
5\,1\,6\ \ \ \\
\hline
5\,2.0\,3\,\varnothing
\end{array}
$$

---

4 $0.5 \times 9 = \frac{5}{10} \times 9 = \frac{45}{10} = 4.5$

$4.5 \times 18 = \frac{45}{10} \times 18 = \frac{810}{10} = 81$

5 $0.28 \times 3 = 0.84$ (kg)

6 (텃밭의 넓이)=$3.28 \times 6 = 19.68$ (m²)

9 (갈 수 있는 거리)
= (1시간에 달리는 거리)×(달리는 시간)
= $14 \times 0.6 = 8.4$ (km)

11 곱의 소수점 아래의 자리 수는 곱하는 두 소수의 소수점 아래 자리 수의 합과 같습니다.

12 0.75×0.62를 0.75의 0.5로 어림하면 0.7의 반은 0.35이므로 답은 0.35에 가까운 0.465입니다.

---

13 $3 \times 15 = 45 \rightarrow 0.3 \times 0.15 = 0.045$
$5 \times 9 = 45 \rightarrow 0.05 \times 0.9 = 0.045$

14 (액자의 넓이)=$0.27 \times 0.2 = 0.054$ (m²)

15 $1.3 \times 2.5 = \frac{13}{10} \times \frac{25}{10} = \frac{325}{100} = 3.25$

16 곱하는 두 수의 소수점 아래 자리 수의 합과 같게 곱의 소수점을 찍습니다.

18 예 3분 15초 = $3\frac{15}{60}$분 = $3\frac{1}{4}$분
$= 3\frac{25}{100}$분 = 3.25분

(받은 물의 양)
= (1분 동안 나온 물의 양)×(물을 받은 시간)
= $17.5 \times 3.25 = 56.875$ (L)

19 소수에 10, 100을 곱하면 곱하는 수의 0의 수만큼 소수점이 오른쪽으로 옮겨집니다.

20 ㉠ 4.908×100=490.8
㉡ 4908×0.001=4.908

21 곱하는 수의 소수점의 자리에 맞추어 곱의 소수점을 찍습니다.

22 곱하는 소수의 소수점 아래 자리 수만큼 소수점이 왼쪽으로 옮겨지므로 소수점이 왼쪽으로 두 자리 옮겨지면 0.01, 한 자리 옮겨지면 0.1을 곱한 것입니다.

23 ㉠ 6.3의 0.7은 6의 0.7배인 4.2보다 크고,
㉡ 1.9의 1.5배는 2의 1.5배인 3보다 작고,
㉢ 2.4×1.2는 2.5×1.2인 3보다 작습니다.

24 (철사 100 m의 무게)=$0.013 \times 100 = 1.3$ (kg)

25 $1.25 \times 3.2 = 4$ (m²)

📮 **5단원**

개념 1 직사각형 6개로 둘러싸인 도형

개념이 쉽다　　　　　　　　　　102쪽

1 (1) 직육면체　(2) 직사각형　(3) 3개

2 (1) 면　(2) 모서리　(3) 꼭짓점　　3 9, 7

문제가 쉽다 — 103쪽

1 직육면체   2 나, 라

3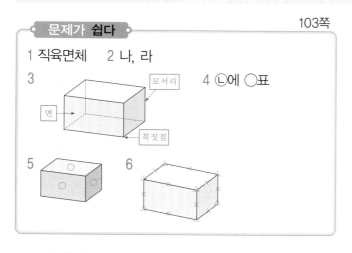
모서리
면
꼭짓점

4 ㉡에 ○표

5
6

2 직사각형 6개로 둘러싸인 도형을 모두 찾습니다.

3 • 선분으로 둘러싸인 부분을 면이라고 합니다.
  • 면과 면이 만나는 선분을 모서리라고 합니다.
  • 모서리와 모서리가 만나는 점을 꼭짓점이라고 합니다.

4 직육면체를 둘러싸고 있는 면은 모두 직사각형입니다.

5 선분으로 둘러싸인 부분을 찾습니다.

6 면과 면이 만나는 선분은 ×표, 모서리와 모서리가 만나는 점은 △표 합니다.

개념 ② 정사각형 6개로 둘러싸인 도형

개념이 쉽다 — 104쪽

1 정육면체   2
꼭짓점
모서리
면

3 (○) (   ) (   )   4 6, 12, 8

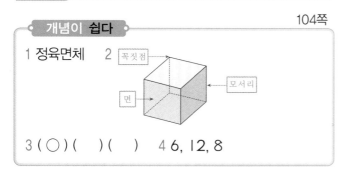

3 정사각형 6개로 둘러싸인 도형을 찾습니다.

문제가 쉽다 — 105쪽

1 나, 바   2 다, 라, 마   3 ㉠   4 7   5 12개
6 60 cm

1 정사각형 6개로 둘러싸인 도형을 찾아보면 나, 바입니다.

2 직사각형 6개로 둘러싸인 도형이 아닌 것을 찾아보면 다, 라, 마입니다.

3 정사각형은 직사각형이라고 할 수 있으므로 정육면체는 직육면체라고 할 수 있습니다.

4 정육면체의 모든 모서리의 길이는 같습니다.

5 보이는 모서리의 수: 9개, 보이는 면의 수: 3개
 ➡ 9+3=12(개)

6 정육면체의 모서리의 길이는 모두 같고, 모서리의 수는 12개이므로 모든 모서리의 길이의 합은 5×12=60(cm)입니다.

개념 ③ 직육면체의 성질

개념이 쉽다 — 106쪽

1 (1) ㄹㄷㅅㅇ, 평행, 밑면 (2) 3

2

3 면 ㄱㄴㄷㄹ, 면 ㄱㅁㅇㄹ에 ○표

3 면 ㄱㅁㅂㄴ과 수직인 면은 면 ㄱㄴㄷㄹ, 면 ㄴㅂㅅㄷ, 면 ㅁㅂㅅㅇ, 면 ㄱㅁㅇㄹ입니다.

문제가 쉽다 — 107쪽

1 4개   2 면 ㄱㄴㄷㄹ   3 면 ㄴㅂㅅㄷ, 면 ㄷㅅㅇㄹ, 면 ㄱㅁㅇㄹ, 면 ㄱㅁㄴㅂ   4 3쌍
5 면 ㄱㅁㅂㄴ   6 90°   7 4개   8 면 ㄱㄴㄷㄹ, 면 ㄴㅂㅅㄷ, 면 ㅁㅂㅅㅇ, 면 ㄱㅁㅇㄹ

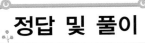
4 직육면체에서 마주 보는 두 면은 서로 평행합니다.

5 직육면체에서 서로 마주 보는 면은 평행합니다.

6 직육면체에서 두 면이 만나서 이루는 각은 90°입니다.

8 직육면체에서 면 ㄱㅁㅂㄴ과 만나는 면은 모두 수직인 면입니다.

---

4 보이지 않는 모서리의 수 : 3개

5 직육면체에서 보이는 면은 3개 있습니다.

6 보이는 모서리는 9개입니다.

7 보이는 모서리는 7 cm가 3개, 8 cm가 3개, 6 cm가 3개입니다.

➡ (7+8+6)×3=63(cm)

개념④ 직육면체의 겨냥도

개념이 쉽다   108쪽

1 (1) 겨냥도 (2) 실선, 점선 (3) 12

2

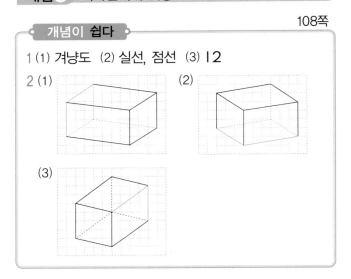

문제가 쉽다   109쪽

1 ㉢   2   3 9개

4 3개   5 면 ㄱㄴㄷㄹ, 면 ㄴㅂㅅㄷ, 면 ㄷㅅㅇㄹ   6 ㉡   7 63cm

2 보이는 모서리는 실선으로, 보이지 않는 모서리는 점선으로 그립니다.

3 보이는 모서리의 수 : 9개

개념⑤ 정육면체와 직육면체의 전개도

개념이 쉽다   110쪽

1 (1) 점선, 실선 (2) 길이, 평행   2 면 ⑰
3 면 ⒰, 면 ⒟, 면 ⒭, 면 ⒝

2 면 ㉮와 면 ⑰, 면 ⒰와 면 ⒭, 면 ⒟와 면 ⒝는 서로 평행한 면입니다.

3 면 ㉮와 평행한 면을 제외한 나머지 면은 모두 수직입니다.

문제가 쉽다   111쪽

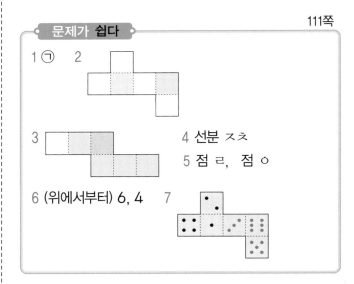

1 ㉠   2

3   4 선분 ㅈㅊ
                               5 점 ㄹ, 점 ㅇ

6 (위에서부터) 6, 4   7

1 ㉠은 겹치는 면이 생깁니다.

4 전개도를 접으면 선분 ㅍㅌ과 선분 ㅈㅊ이 만나 한 모서리가 됩니다.

7 서로 평행한 두 면을 찾아 마주 보는 면의 눈의 수의 합이 7이 되게 합니다.

계산이 쉽다
112쪽

1 ㉢, ㉤　　2 꼭짓점, 모서리, 면　　3 3개　　4 ③

2 면: 선분으로 둘러싸인 부분

　　모서리: 면과 면이 만나는 선분

　　꼭짓점: 모서리와 모서리가 만나는 점

4 직육면체는 직사각형 6개로 둘러싸인 도형입니다.

계산이 쉽다
113쪽

1 6, 정육면체

2
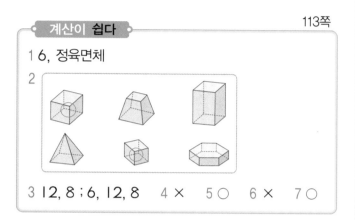

3 12, 8 ; 6, 12, 8　　4 ×　　5 ○　　6 ×　　7 ○

2 정사각형 모양의 면 6개로 둘러싸인 도형을 찾아봅니다.

4 정육면체는 직육면체라고 할 수 있습니다.

6 직육면체의 면은 모두 직사각형입니다.

계산이 쉽다
114쪽

1 면 ㄴㅂㅅㄷ　　2 3쌍　　3 90°　　4 4개

5 면 ㄱㄴㄷㄹ, 면 ㄴㅂㅅㄷ, 면 ㅁㅂㅅㅇ,
　면 ㄱㅁㅇㄹ

1 면 ㄱㅁㅇㄹ과 서로 평행한 면은 마주 보는 면입니다.

2 직육면체의 6개의 면 중에서 3쌍의 면이 서로 평행합니다.

3 면 ㄱㄴㄷㄹ과 면 ㄱㅁㅂㄴ이 이루는 각은 모서리 ㄱㄹ과 모서리 ㄱㅁ이 이루는 각과 같으므로 90°입니다.

4 한 면과 수직으로 만나는 면은 모두 4개입니다.

5 직육면체에서 면 ㄱㅁㅂㄴ과 만나는 면은 모두 수직입니다.

계산이 쉽다
115쪽

1 9개　　2 3개　　3 1개

4 (1) 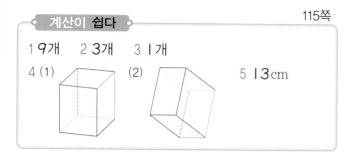 (2)　　　　5 13cm

1 보이는 모서리는 9개이고, 실선으로 나타냅니다.

2 점선을 모서리로 포함하는 면은 보이지 않는 면입니다.

3 직육면체에서 보이지 않는 꼭짓점은 점선으로 된 세 모서리가 만나는 점이므로 점 ㅁ입니다.

5 (보이지 않는 모서리의 길이의 합)

　=2+4+7=13(cm)

계산이 쉽다
116쪽

1 ㉠, ㉣　　2 면 ㅋㅂㅅㅊ　　3 4개　　4 선분 ㅈㅇ

5

2 전개도를 접어서 직육면체를 만들었을 때 서로 마주 보는 면은 평행합니다.

3 마주 보는 면을 제외한 나머지 4개의 면은 수직입니다.

5 전개도를 접었을 때 서로 평행한 면을 찾습니다.

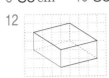 단원이 **쉽다**

1 ② 　2 (1) 3개 (2) 9개 (3) 7개 　3 ㉠ 　4 ①

5 8개 　6 6 　7 9, 9 　8 풀이 참조 ; 72cm

9 30cm 　10 80cm 　11 ①

12

13 (1) 점 ㅁ (2) 모서리 ㄱㅁ, 모서리 ㅁㅂ, 모서리 ㅁㅇ

14 ㉢, ㉠, ㉡ 　15 점 ㅍ 　16 선분 ㅍㅎ 　17 4개

18 면 ㉣ 　19 면 ㉮, 면 ㉱, 면 ㉲, 면 ㉳

20 5, 3 　21 면 ㉣ 　22 **예**

23 ④

24 6, 12, 8

25 3cm, 5cm, 4cm

1 직사각형 6개로 둘러싸인 도형을 찾습니다.

3 정육면체는 정사각형 6개로 둘러싸인 도형입니다.

5 서로 평행한 모서리의 길이는 같습니다.

6 직육면체에서 마주 보는 모서리는 길이가 같습니다.

7 정육면체는 모서리의 길이가 모두 같습니다.

8 **예** 정육면체는 12개의 모서리의 길이가 모두 같습니다.
   (모서리의 길이의 합)=6×12=72(cm)

9 10+10+10=30(cm)

10 (7+5+8)×4=20×4=80(cm)

11 보이는 모서리는 실선, 보이지 않는 모서리는 점선으로 그려야 합니다.

14 ㉠7개, ㉡ 3개, ㉢ 9개

17 선분 ㄱㄴ, 선분 ㅎㄷ, 선분 ㅍㄹ, 선분 ㅌㅁ

18 평행한 면은 서로 마주 보는 면입니다.

19 면 ㉯와 평행한 면 ㉱를 제외한 나머지 면은 모두 면 ㉯와 수직입니다.

20 전개도를 접었을 때 길이가 같은 모서리를 찾습니다.

21 눈의 수가 1인 면과 마주 보는 면을 찾아보면

면 ㉣입니다.

22 밑면을 먼저 정한 후 모서리를 어떻게 자를지 생각하여 전개도를 그립니다.

23 그림에서 점선으로 나타낸 모서리는 보이지 않는 모서리입니다. 보이지 않는 모서리는 모서리 ㄱㅁ, 모서리 ㅁㅇ, 모서리 ㅁㅂ으로 3개입니다.

25 마주 보는 면은 크기와 모양이 같은 직사각형이므로 가로와 세로 길이를 찾아봅니다.

📮 **6단원** ◀◀◀◀◀◀◀◀◀◀◀◀◀◀◀◀◀◀◀◀◀◀◀◀◀◀◀◀◀

개념① 평균 알고 구하기

개념이 **쉽다**

122쪽

1 (1) 35, 36, 170 (2) 5 (3) 170, 5, 34 (4) 평균

2 (1) 80, 84, 340 (2) 4 (3) 340, 4, 85 (4) 수학

문제가 **쉽다**

123쪽

1 88, 356, 89 　2 490명 　3 5일 　4 98명

5 60번 　6 40, 18, 42, 32, 28 　7 12살

2 89+92+95+98+116=490(명)

3 조사한 날은 5일입니다.

4 490÷5=98(명)

7 (8+10+12+14+16)÷5
   =60÷5=12(살)

개념② 평균을 이용하여 문제 해결하기

개념이 **쉽다**

124쪽

1 6점 　2 7점 　3 6점 　4 미연

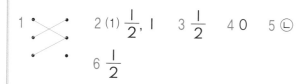

1 (4+7+5+8)÷4=6(점)

2 (6+7+8+7)÷4=7(점)

3 (2+9+8+5)÷4=6(점)

● 문제가 **쉽다**

1 정호의 팔 굽혀 펴기 기록의 평균   2 23번

3 115번   4 29번   5 25번   6 26번

7 현서네 모둠, 1번

---

2 (30+25+19+18)÷4=23(번)

3 평균 23번씩 5회 했으므로 23×5=115(번)입니다.

4 115−(17+20+23+26)=29(번)

5 (13+42+20)÷3=75÷3=25(번)

6 (16+35+27)÷3=78÷3=26(번)

개념 ③ 일이 일어날 가능성

● 개념이 **쉽다**

1 풀이 참조   2 (1) $\frac{1}{2}$ (2) $\frac{1}{2}$ (3) 0

1 **예**

사건	불가능하다	반반이다	확실하다
우리집 강아지는 고양이 새끼를 낳을 것입니다	○		
주사위를 던지면 짝수의 눈이 나올 것입니다.		○	
내일은 서쪽으로 해가 질 것입니다.			○
367명의 학생 중 생일이 같은 사람이 있을 것입니다.			○

● 문제가 **쉽다**

1   2 (1) $\frac{1}{2}$, 1   3 $\frac{1}{2}$ 4 0   5 ㉢

6 $\frac{1}{2}$

3 노란 구슬을 꺼낼 가능성이 '반반이다' 이므로 수로 표현하면 $\frac{1}{2}$입니다.

4 4+7=11이므로 10이 나올 가능성은 '불가능하다' 입니다.

5 ㉠ 숫자 면이 나올 가능성은 '반반이다' 입니다.

㉡ 흰색 바둑돌만 들어 있기 때문에 흰색 바둑돌을 꺼낼 가능성은 '확실하다' 입니다.

㉢ 내일 눈이 올 수도 있고 오지 않을 수도 있기 때문에 가능성은 '반반이다' 입니다.

6 포도 맛 사탕은 4개 중의 2개로 포도 맛 사탕을 꺼낼 가능성은 '반반이다' 이므로 수로 표현하면 $\frac{1}{2}$입니다.

● 계산이 **쉽다**

1 86, 92, 88, 94, 360   2 360, 4, 90

3 32, 35, 32, 29, 4, 128, 4, 32

4 24, 26, 25, 23, 22, 5, 120, 5, 24

● 계산이 **쉽다**

1~2 풀이 참조   3 7℃

4 200, 180, 250, 350, 4, 980, 4, 245

1

요일별 최고 기온

(℃)
10

5

0

기온\요일	월	화	수	목	금

2

요일별 최고 기온

(℃)
10

5

0

기온\요일	월	화	수	목	금

3 지난주 요일별 최고 기온을 막대그래프로 나타내고 막대의 높이를 고르게 하니 막대의 높이가 7(℃)이 되었습니다.
따라서 지난주 요일별 최고 기온의 평균은 7℃입니다.

2

불가능하다	~아닐 것 같다	반반이다	~일 것 같다.	확실하다
○				
	○			
		○		
				○

130쪽

계산이 쉽다

1 936명   2 179명   3 25번   4 26번
5 선우네 모둠, 1번   6 14살

1 156×6=936(명)
2 936−(134+148+165+158+152)
   =936−757=179(명)
3 28+15+36+14+32÷5=125÷5=25(번)
4 29+12+37+18+34÷5=130÷5=26(번)
6 (회원들의 나이의 합)=14×5=70(살)
   (정훈이의 나이)
   =70−(15+12+13+16)=14(살)

131쪽

계산이 쉽다

1 (왼쪽부터) 불가능하다, ~일 것 같다
2 풀이 참조   3 라, 다, 나, 가

132쪽

계산이 쉽다

1 1   2 0   3 $\frac{1}{2}$ 4 $\frac{1}{2}$ 5 $\frac{1}{2}$ 6 $\frac{1}{2}$ 7 0

133~136쪽

단원이 쉽다

1 1015명   2 5개월   3 203명   4 38kg
5 37kg   6 민영, 규성   7 348점   8 92점
9 풀이 참조 ; 39번   10 80점   11 5, 4, 20
12 수요일   13 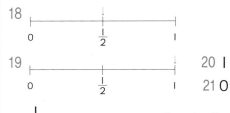   14 확실하다에 ○표
15 반반이다에 ○표
16 가   17 다
18 0 ── $\frac{1}{2}$ ── 1
19 0 ── $\frac{1}{2}$ ── 1   20 1   21 0
22 $\frac{1}{2}$ 23 44   24 41개   25 ㉢

1 216+198+195+220+186=1015(명)
3 1015÷5=203(명)
4 (몸무게의 평균)
   =(32.4+42.8+36.8+40.2+37.8)÷5
   =190÷5=38(kg)

5 (몸무게의 평균)

  =(35+33+38+42+37)÷5

  =185÷5=37(kg)

6 37kg보다 가벼운 학생을 찾으면 민영, 규성입니다.

7 87×4=348(점)

8 348−(90+84+82)=348−256=92(점)

9 예 (윗몸 일으키기 기록의 합)

  =38×4=152(번)

  (민수가 한 윗몸 일으키기)

  =152−(40+39+34)=39(번)

10 (90+90+80+60)÷4=80(점)

12 지은이가 5일 동안 한 줄넘기의 평균이 92번이므로 5일 동안 한 줄넘기는 모두

92×5=460(번)입니다.

(금요일에 한 줄넘기)

=460−(86+100+95+90)=89(번)

따라서 지은이가 줄넘기를 두 번째로 많이 한 날은 수요일입니다.

16 가 회전판에는 파란색만 있으므로 파란색에 멈추는 것은 확실합니다.

17 다 회전판은 파란색의 넓이가 빨간색의 넓이보다 넓으므로 파란색에 멈출 가능성이 더 높은 회전판은 다입니다.

22 빨간색, 파란색 풍선을 꺼낼 가능성이 반반이므로 각각 $\frac{1}{2}$로 나타낼 수 있습니다.

23 주어진 5개의 수는 40부터 2씩 커지는 수로 가운데 값인 44가 평균입니다.

24 (42+35+36+38+45+51+40)÷7

  =287÷7=41(개)

워크북

📮 **1단원**

> **쉬운 개념 체크**   3쪽
>
> 1 진희, 현주, 영준   2 다혜, 현주, 신엽, 마리
> 3 13, 15, 5, 16   4 17, 18, 20
> 5 18, 17에 △표, 34, 39에 ○표
> 6 21, 16.7   7 24.7, 28, 21.9, 26   8 12명

1 키가 148cm와 같거나 큰 사람은

진희(157.2cm), 현주(148.0cm), 영준(150.0cm)입니다.

2 키가 148cm와 같거나 작은 사람은

다혜(146.7cm), 현주(148.0cm), 신엽(146.0cm), 마리(147.5cm)입니다.

3 16과 같거나 작은 수를 찾습니다.

4 17과 같거나 크고 20과 같거나 작은 수를 찾습니다.

5 23 초과인 수는 23보다 큰 수이고, 19 미만인 수는 19보다 작은 수입니다.

6 16보다 큰 수는 21과 16.7입니다.

7 21 초과 29.5 미만인 수는 21보다 크고 29.5보다 작은 수이므로 21과 29.5는 포함되지 않습니다.

8 45명 초과인 사람의 수는 57−45=12(명)입니다.

> **쉬운 개념 체크**   4쪽
>
> 1 55, 50.5, 47, 50, 60
> 2 45$\frac{1}{4}$, 46, 45, 46$\frac{1}{2}$, 47
> 3 (수직선)
> 4 27 이상 30 미만인 수   5 현호
> 6 아름, 종환   7 3급

1 47과 같거나 큰 수를 찾습니다.

2 45와 같거나 크고 50보다 작은 수를 찾습니다.

3 15보다 큰 수이므로 15를 ○으로 나타내고 오른쪽으로 선을 긋습니다.

4 ●이므로 27 이상, ○이므로 30 미만인 수입니다.

5 줄넘기 검정 점수가 54점 이상인 학생은 현호(54점)입니다.

6 지영이의 점수는 29점으로 3급을 받았습니다. 3급의 범위는 18점과 같거나 크고 30점보다 작으므로 아름(27점)과 종환(18점)이 3급을 받았습니다.

7 특급: 현호, 1급: 영재, 은지
　2급: 효정, 3급: 지영, 아름, 종환
　4급: 수림, 5급: 강희

쉬운 개념 체크 5쪽

1 (1) 400　(2) 900　　2 (1) 5000　(2) 3000

3 150장　　4 22개　　5 (1) 500　(2) 300

6 (1) 4000　(2) 7000　　7 75000　　8 62000원

---

1 $37\underline{1} \rightarrow 400$, $80\underline{7} \rightarrow 900$

2 천의 자리 아래의 수를 올려서 나타냅니다.
　(1) $4\underline{739} \rightarrow 5000$　(2) $2\underline{006} \rightarrow 3000$

3 (필요한 도화지 수)=$4 \times 36 = 144$(장)입니다.
　10장씩 14묶음이면 140장이므로 4장이 모자랍니다. 따라서 15묶음인 150장을 사야 합니다.

4 $325 \div 15 = 21 \cdots 10$이므로 15명씩 21개의 의자에 앉고 10명이 남습니다. 따라서 남은 10명도 앉으려면 의자는 최소 22개가 필요합니다.

5 (1) $5\underline{19} \rightarrow 500$　(2) $3\underline{26} \rightarrow 300$

6 천의 자리 아래의 수를 버립니다.
　(1) $4\underline{201} \rightarrow 4000$　(2) $7\underline{000} \rightarrow 7000$

7 가장 큰 다섯 자리 수는 75430입니다.
　$75\underline{430} \rightarrow 75000$

---

8 62710을 버림하여 천의 자리까지 나타냅니다.
　$62\underline{710} \rightarrow 62000$

쉬운 개념 체크 6쪽

1 (1) 4200　(2) 6700　　2 (1) 3000　(2) 40000

3 (1) 10000　(2) 10000　　4 10개　　5 7650

6 5개　　7 258개　　8 17500원

---

1 (1) $420\underline{9} \rightarrow 4200$　(2) $66\underline{85} \rightarrow 6700$
　　└ 버림합니다.　　　└ 올림합니다.

2 (1) $2\underline{500} \rightarrow 3000$　(2) $40\underline{300} \rightarrow 40000$
　　└ 올림합니다.　　　└ 버림합니다.

3 (1) $5\underline{218} \rightarrow 10000$　(2) $1\underline{2906} \rightarrow 10000$
　　└ 올림합니다.　　　└ 버림합니다.

4 반올림하여 십의 자리까지 나타낸 수가 100이 되는 자연수는 95부터 104까지 모두 10개입니다.

5 반올림하여 백의 자리까지 나타낸 수가 7700이 되는 수의 범위는 7650부터 7749까지입니다.

6 100 cm가 안 되면 주머니를 달 수 없으므로 주머니를 5개 달고 70 cm가 남습니다.

7 버림하여 십의 자리까지 나타내면 2580이므로 최대 258개의 판에 넣을 수 있습니다.

8 10장 단위로 포장지를 팔고 있으므로 250장의 포장지를 사야 합니다.
　$250 \div 10 = 25$(묶음)이므로
　(필요한 포장지의 값)=$700 \times 25 = 17500$(원)입니다.

쉬운 서술형 7~8쪽

1 이상, 작은, 12, 11.6, 10, $13\frac{1}{5}$, 4 ; 4개

2 초과, 미만, 18, 19, 20, 21, 22 ; 22

3 37, 5, 5, 37 ; 37개

4 1, 2, 3, 4, 5, 6, 7, 8, 9, 165, 169, 170, 174 ; 165, 169, 170, 174

2단원

쉬운 개념 체크

1 (1) 6, 9, 2, 9, $4\dfrac{1}{2}$　(2) 4, 3, 15, $3\dfrac{3}{4}$

2 (1) $\dfrac{1}{2}$, 15, 5, 15, 2, 1, $17\dfrac{1}{2}$

　(2) 17, 3, 2, $\dfrac{34}{3}$, $11\dfrac{1}{3}$

3 (1) $2\dfrac{1}{4}$　(2) $2\dfrac{1}{2}$　(3) 9　4 $6\dfrac{3}{10}$　5 8 kg

6 25 L　7 $12\dfrac{1}{2}$ cm

---

3 (1) $\dfrac{3}{4}\times3=\dfrac{3\times3}{4}=\dfrac{9}{4}=2\dfrac{1}{4}$

(2) $\dfrac{5}{8}\times4=\dfrac{5\times\overset{1}{4}}{\underset{2}{8}}=\dfrac{5}{2}=2\dfrac{1}{2}$

(3) $\dfrac{3}{7}\times21=\dfrac{3\times\overset{3}{21}}{7}=9$

4 $1\dfrac{13}{50}\times5=\dfrac{63}{50}\times\overset{1}{5}=\dfrac{63}{10}=6\dfrac{3}{10}$

5 $\dfrac{2}{5}\times\overset{4}{20}=8$ (kg)

6 $1\dfrac{2}{3}\times15=\dfrac{5}{3}\times\overset{5}{15}=25$ (L)

7 정삼각형은 세 변의 길이가 모두 같으므로 둘레

는 $4\dfrac{1}{6}\times3=\dfrac{25}{\underset{2}{6}}\times\overset{1}{3}=\dfrac{25}{2}=12\dfrac{1}{2}$ (cm)입니다.

쉬운 개념 체크

1 (1) 3, 5, 4, $\dfrac{15}{4}$, $3\dfrac{3}{4}$

　(2) $\dfrac{3}{4}$, 15, 9, 15, 2, 1, $17\dfrac{1}{4}$

2 (1) 9　(2) $16\dfrac{1}{3}$　(3) $15\dfrac{2}{3}$　3 $13\dfrac{3}{4}$　4 >

5 $3\dfrac{1}{3}$ km　6 12개　7 77 kg

---

2 (1) $15\times\dfrac{3}{5}=\dfrac{\overset{3}{15}\times3}{\underset{1}{5}}=9$

(2) $21\times\dfrac{7}{9}=\dfrac{\overset{7}{21}\times7}{\underset{3}{9}}=\dfrac{49}{9}=16\dfrac{1}{3}$

(3) $5\times3\dfrac{10}{15}=\overset{1}{5}\times\dfrac{47}{\underset{3}{15}}=\dfrac{47}{3}=15\dfrac{2}{3}$

3 $5\times2\dfrac{3}{4}=5\times\dfrac{11}{4}=\dfrac{55}{4}=13\dfrac{3}{4}$

4 $8\times4\dfrac{4}{7}=8\times\dfrac{32}{7}=\dfrac{256}{7}=36\dfrac{4}{7}$

$7\times5\dfrac{1}{14}=\overset{1}{7}\times\dfrac{71}{\underset{2}{14}}=\dfrac{71}{2}=35\dfrac{1}{2}$

5 (지하철을 타고 간 거리)

$=\overset{2}{6}\times\dfrac{5}{\underset{3}{9}}=\dfrac{10}{3}=3\dfrac{1}{3}$ (km)

6 (동생에게 준 구슬 수)$=\overset{4}{28}\times\dfrac{4}{\underset{1}{7}}=16$(개)

(준이에게 남은 구슬 수)$=28-16=12$(개)

7 (나 상자의 무게)$=35\times2\dfrac{1}{5}=\overset{7}{35}\times\dfrac{11}{\underset{1}{5}}$

$=77$ (kg)

쉬운 개념 체크

1 (1) $\dfrac{1}{35}$　(2) $\dfrac{1}{120}$　(3) $\dfrac{1}{108}$

2 (1) 1, 5, 8, 2, $\dfrac{5}{16}$　(2) 1, 2, $\dfrac{7}{12}$　3 19개

4 12　5 $\dfrac{1}{6}$　6 $\dfrac{16}{45}$　7 $\dfrac{2}{3}$ m

---

1 $\dfrac{1}{\bullet}\times\dfrac{1}{\blacktriangle}=\dfrac{1}{\bullet\times\blacktriangle}$

3 $\dfrac{1}{20}<\dfrac{1}{\square}$에서 $\square$ 안에 들어갈 수 있는 자연수는 20보다 작아야 합니다.

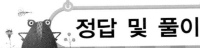

4 $\dfrac{3}{\cancel{4}}\times\dfrac{\cancel{4}^1}{7}=\dfrac{3}{7}$, $\dfrac{3}{\cancel{7}}\times\cancel{28}^4=12$

5 학습 내용: 학급 신문의 $\dfrac{1}{2}$

과학 상식: 학습 내용의 $\dfrac{1}{3}$ → $\dfrac{1}{2}\times\dfrac{1}{3}=\dfrac{1}{6}$

6 $\square\div\dfrac{2}{3}=\dfrac{8}{15}$ 이므로

$\square=\dfrac{8}{15}\times\dfrac{2}{3}=\dfrac{8\times2}{15\times3}=\dfrac{16}{45}$

7 $\dfrac{4}{5}\times\dfrac{5}{6}=\dfrac{\cancel{4}^2\times\cancel{5}}{\cancel{5}\times\cancel{6}_3}=\dfrac{2}{3}$ (m)

쉬운 개념 체크

1 (1) 14, 13, 7, 14, 13, 3, 91, $10\dfrac{1}{9}$

(2) 1, 1, 1, 4, 2, 1, $\dfrac{1}{10}$

2 (1) 12 (2) $5\dfrac{1}{5}$ (3) $\dfrac{8}{35}$ **3** $9\dfrac{1}{5}$ kg

4 $2\dfrac{2}{3}$, $1\dfrac{2}{7}$, $3\dfrac{3}{7}$ **5** $86\dfrac{3}{14}$ kg **6** $2\dfrac{1}{3}$ cm²

2 (1) $2\dfrac{2}{3}\times4\dfrac{1}{2}=\dfrac{\cancel{8}^4}{\cancel{3}}\times\dfrac{\cancel{9}^3}{\cancel{2}}=12$

(2) $3\dfrac{1}{5}\times1\dfrac{5}{8}=\dfrac{\cancel{16}^2}{5}\times\dfrac{13}{\cancel{8}}=\dfrac{26}{5}=5\dfrac{1}{5}$

(3) $\dfrac{4}{5}\times\dfrac{2}{3}\times\dfrac{3}{7}=\dfrac{4\times2\times\cancel{3}}{5\times\cancel{3}\times7}=\dfrac{8}{35}$

3 $1\dfrac{3}{5}\times5\dfrac{3}{4}=\dfrac{\cancel{8}^2}{5}\times\dfrac{23}{\cancel{4}}=\dfrac{46}{5}=9\dfrac{1}{5}$ (kg)

4 $2\dfrac{2}{3}\times1\dfrac{2}{7}=\dfrac{8}{\cancel{3}}\times\dfrac{\cancel{9}^3}{7}=\dfrac{24}{7}=3\dfrac{3}{7}$ (cm²)

5 $35\dfrac{1}{2}\times2\dfrac{3}{7}=\dfrac{71}{2}\times\dfrac{17}{7}=\dfrac{1207}{14}=86\dfrac{3}{14}$ (kg)

6 $2\dfrac{2}{3}\times1\dfrac{3}{4}\times\dfrac{1}{2}=\dfrac{\cancel{8}^2}{3}\times\dfrac{7}{\cancel{4}}\times\dfrac{1}{\cancel{2}}=\dfrac{7}{3}=2\dfrac{1}{3}$ (cm²)

쉬운 서술형

1 1, 4, 20, 12 ; 12 kg
2 8, 1, 6, 1, 8, 8, 2, 8, 15, 1, 30 ; 30
3 12, 12, 작을수록, 11, 10 ; 10개
4 12, 12, 1, 3, 432, $86\dfrac{2}{5}$; $86\dfrac{2}{5}$ cm²

 3단원

쉬운 개념 체크

1 (○) ( ) **2** 합동 **3** 다
4 예 **5** 다, 마, 바
6 삼각형 ㄹㄷㅁ

3 주어진 도형과 모양의 크기가 같아서 포개었을 때 완전히 겹치는 도형은 다입니다.

4 주어진 도형과 포개었을 때 완전히 겹치도록 그립니다.

5 나누어진 도형의 모양과 크기가 같은 것을 찾아보면 다, 마, 바입니다.

6 합동인 두 삼각형에서 삼각형 ㅁㄴㄷ을 빼면 삼각형 ㄱㄴㅁ과 삼각형 ㄹㄷㅁ이 서로 합동입니다.

쉬운 개념 체크

1 (1) 변 ㄹㅂ (2) 각 ㄱㄷㄴ (3) 3쌍 **2** 5 cm
3 30° **4** 9 cm **5** 85° **6** 4 cm **7** 90°

1 합동인 삼각형에는 대응점, 대응변, 대응각이 각각 3쌍씩 있습니다.

2 (변 ㄴㄷ)=(변 ㅂㄹ)=5 cm

3 (각 ㅁㄹㅂ)=(각 ㄱㄷㄴ)=30°

4 (변 ㅁㅇ)=(변 ㄷㄴ)=9 cm

5 (각 ㅁㅇㅅ)=(각 ㄷㄴㄱ)=85°

6 변 ㄱㄴ의 길이는 대응변인 변 ㄷㄹ의 길이와 같습니다.

7 (각 ㄱㄷㄴ)+(각 ㅁㄷㄹ)=60°+30°=90°
(각 ㄱㄷㅁ)=180°−90°=90°

쉬운 개념 체크 17쪽

1 선대칭도형, 대칭축 2 ㉡, ㉢, ㉣ 3 2개
4 10 cm 5 95°
6
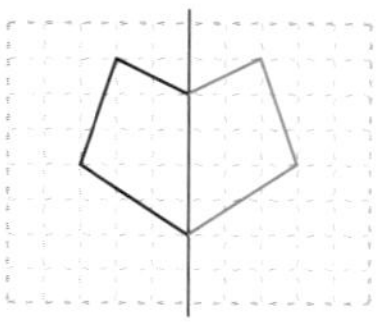
7
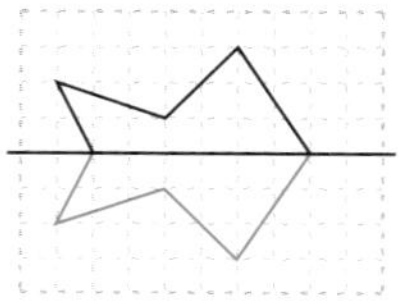

2 선대칭도형 중 대칭축이 여러 개인 것도 있습니다.

4 변 ㅁㅂ의 대응변은 변 ㄷㅇ이므로 변 ㅁㅂ은 10 cm입니다.

5 각 ㅁㅂㅅ의 대응각은 각 ㄷㅇㅅ이므로
각 ㅁㅂㅅ은 95° 입니다.

6 대칭축을 따라 접었을 때 완전히 포개어지도록 그립니다.

쉬운 개념 체크 18쪽

1
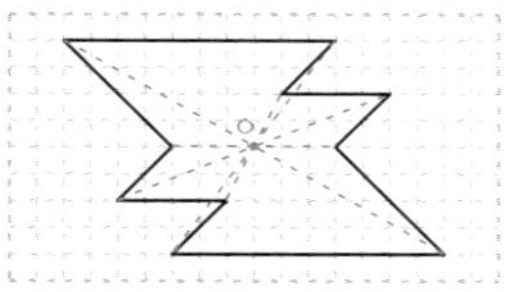
2 대칭의 중심
3 ㉠, ㉢, ㉥
4 12 cm 5 12 cm
6
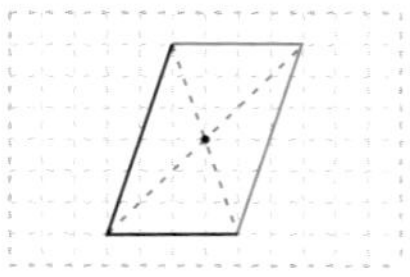
7
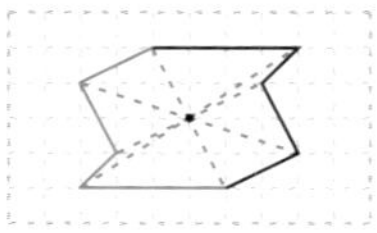

1 대응점들을 이은 선분들이 만나는 점을 찾아 표시합니다.

2 점대칭도형에서 중심이 되는 점을 대칭의 중심이라고 합니다.

4 변 ㄱㄴ의 대응변은 변 ㄹㅁ이므로 변 ㄱㄴ은 12 cm입니다.

5 대응점끼리 이은 선분은 대칭의 중심에 의하여 똑같이 둘로 나누어지므로
(선분 ㄱㄹ)=$6\times2=12$ (cm)입니다.

7 각 점에서 대칭의 중심까지의 길이와 같도록 대응점을 찾아 표시한 후 각 대응점을 이어 점대칭도형을 완성합니다.

쉬운 서술형 19~20쪽

1 ㅅㅇ, ㄴㄷ, 8, 10 ; 8 cm, 10 cm
2 ㅅㅂ, 12, 12, 10 ; 10 cm
3 대응각, ㄹㄷㄴ, 65, ㄱㄴ, 11 ; ㉠ 65 ㉡ 11
4 ㄷㄱ, 6, ㄱㄴ, 8, ㄴㅂ, 3, 8, 3, 6, 34 ; 34 cm

4단원

쉬운 개념 체크 21쪽

1 (1) 1.2 (2) 1.2
2 (1) 0.9, 0.9, 0.9, 3.6
(2) 9, 4, 36, 3.6 (3) 9, 9, 4, 36, 3.6
3 풀이 참조 4 4 5 ㉠ 6 <

1 (2) $0.4\times3=\frac{4}{10}\times3=\frac{4\times3}{10}=\frac{12}{10}=1.2$

3 $0.7\times8=\frac{7}{10}\times8=\frac{7\times8}{10}=\frac{56}{10}=5.6$

4 $0.5\times8=4.0$ → 소수점 아래 끝자리 0은 생략할 수 있습니다.

5 ㉠ 0.46×6은 0.5와 6의 곱인 3보다 작습니다.

ⓛ 0.62×5는 0.6과 5의 곱인 3보다 큽니다.

ⓒ 0.84×4는 0.8과 4의 곱인 3.2보다 큽니다.

6 0.5×27=13.5 → 12.8<13.5

쉬운 개념 체크   22쪽

1 (1) 13, 4, 52, 5.2   (2) 26, 26, 5, 130, 13

2 54, 162, 16.2   3 8.4, $\frac{1}{10}$, 8.4

4 풀이 참조   5 (1) 25.2   (2) 50.75

6 40, 26.24   7 9 m

---

3 곱해지는 수가 $\frac{1}{10}$배가 되면 곱의 결과도 $\frac{1}{10}$ 배가 됩니다.

4 $4.6×9=\frac{46}{10}×9=\frac{46×9}{10}=\frac{414}{10}=41.4$

5 (1) $4.2×6=\frac{42}{10}×6=\frac{42×6}{10}=\frac{252}{10}=25.2$

   (2) 725×7=5075이고 7.25는 725의 0.01 배이므로 7.25×7은 5075의 0.01배인 50.75입니다.

6 (1) 2.5×16=40

   (2) 1.64×16=26.24

7 (지은이가 가지고 있는 끈의 길이)
   =1.8×5=9 (m)

쉬운 개념 체크   23쪽

1 풀이 참조   2 (1) 96, 9.6   (2) 432, $\frac{1}{10}$, 43.2

3 (1) 2.7   (2) 27   (3) 1.61   (4) 142.6

4 16.8, 127.2   5 17.28   6 440원

7 10.8 L

---

1 (1) $7×0.5=7×\frac{5}{10}=\frac{7×5}{10}=\frac{35}{10}=3.5$

---

(2) $42×0.9=42×\frac{9}{10}=\frac{42×9}{10}=\frac{378}{10}=37.8$

소수를 분수로 고쳐서 곱을 구한 후 그 결과를 다시 소수로 나타냅니다.

4 24×0.7=16.8, 24×5.3=127.2

5 가장 큰 수: 48, 가장 작은 수: 0.36
   → 48×0.36=17.28

6 (소금의 값)=(소금 1 kg의 값)×(소금의 무게)
   =880×0.5=440(원)

7 (준하네 모둠이 마신 우유의 양)
   =4×1.7=6.8(L)
   (두 모둠이 마신 우유의 양)=4+6.8=10.8(L)

쉬운 개념 체크   24쪽

1 (1) 75, 6, 450, 0.45   (2) 450, 0.45

2 풀이 참조

3 (1) 0.272   (2) 0.434

(3)
```
    0.5 6
  × 0.2 5
  ───────
    2 8 0
  1 1 2
  ───────
  0.1 4 0 0
```

(4)
```
    0.8 2
  × 0.6 7
  ───────
    5 7 4
  4 9 2
  ───────
  0.5 4 9 4
```

4 ⓛ

5 0.1938

6 <

7 0.045 m²

---

1 (1) 소수를 분수로 고쳐서 곱을 구한 후 그 결과를 다시 소수로 나타냅니다.

2 (1) $0.8×0.4=\frac{8}{10}×\frac{4}{10}=\frac{32}{100}=0.32$

   (2) $0.5×0.73=\frac{5}{10}×\frac{73}{100}=\frac{365}{1000}=0.365$

소수를 분수로 고쳐서 곱을 구한 후 곱을 소수로 고칩니다.

4 0.47×0.83을 0.5×0.8로 어림하면 0.40이므로 답은 0.4에 가까운 0.3901입니다.

5 0.51×0.38=0.1938

6 0.07×0.66=0.0462 → 0.0462<0.05

7 0.25×0.18=0.045 (m²)

25쪽

쉬운 개념 체크

1 (1) 548, 42, 23016, 23.016
  (2) 23016, 23.016
2 (1) 20.88 (2) 26.244

(3)
```
    2.1 5
  × 4.0 7
    1 5 0 5
  8 6 0
  8.7 5 0 5
```

(4)
```
    9.0 4
  ×   6.3
    2 7 1 2
  5 4 2 4
  5 6.9 5 2
```

3 19.352
4 3.312 cm²
5 80 g
6 38.72 kg
7 6.66 kg

1 (2) 곱하는 수와 곱해지는 수의 소수점 아래 자릿수의 합과 같게 곱의 소수점을 찍습니다.

3 23.6 > 12.4 > 7.4 > 0.82이므로
 23.6×0.82=19.352입니다.

4 (평행사변형의 넓이)
 =(밑변의 길이)×(높이)
 =2.76×1.2=3.312 (cm²)

5 (끈의 무게)=(끈 1 m의 무게)×(끈의 길이)
      =6.4×12.5=80 (g)

6 (용재의 몸무게)=(진아의 몸무게)×1.1
       =35.2×1.1=38.72 (kg)

7 (운영이가 모은 헌 종이의 무게)
 =(신혜가 모은 헌 종이의 무게)×1.8
 =3.7×1.8=6.66 (kg)

26쪽

쉬운 개념 체크

1 0.74, 7.4, 74   2 60.4, 6.04, 0.604
3 (1) 78.72 (2) 7.872   4 <   5 10
6 0.2 kg   7 9 L   8 5.4 km

1 곱하는 수의 0의 수만큼 소수점을 오른쪽으로 옮깁니다.

2 곱하는 수의 소수점 아래 자릿수만큼 소수점을 왼쪽으로 옮깁니다.

3 (1) 246 × 32 = 7872
   0.1배   0.1배   0.01배
   ↓   ↓   ↓
   24.6 × 3.2 = 78.72

(2) 246 × 32 = 7872
   0.001배   0.001배
   ↓   ↓
   0.246 × 32 = 7.872

4 42×0.001=0.042, 0.42×10=4.2
 →0.042<4.2

5 52×0.1=5.2, 5.2는 0.52에서 소수점이 오른쪽으로 한 자리 옮겨지므로 □=10입니다.

6 (철근의 무게)
 =(철근 1 m의 무게)×(철근의 길이)
 =2×0.1=0.2 (kg)

7 (100 km를 달리는 데 드는 휘발유의 양)
 =(1 km를 달리는 데 드는 휘발유의 양)×100
 =0.09×100=9 (L)

8 540 m=0.54 km, 1시간 40분=100분,
 100분은 10분의 10배이므로
 (전체 걸은 거리)=(10분 동안 걷는 거리)×10
       =0.54×10=5.4 (km)

27~28쪽

쉬운 서술형

1 7, 0.5, 7, 3.5, 3.5 ; 3.5 L
2 16.47, 12.6, 11.2, ⓒ ; ⓒ
3 0.8, 46.7, 0.8, 37.36, 37.36 ; 37.36 kg
4 1.2, 10.2, 1.2, 9, 10.2, 9, 91.8 ; 91.8 m²

5단원

29쪽

쉬운 개념 체크

1

2 ②
3 ⓒ
4 9개

5 7개   6 ㉠   7 16

2 정육면체는 정사각형 6개로 둘러싸인 도형입니다.

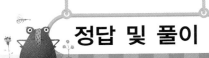
3 직육면체의 한 면을 본 뜨면 직사각형 모양이 됩니다.

5 꼭짓점 8개 중 보이는 꼭짓점은 7개이고, 보이지 않는 꼭짓점은 1개입니다.

7 보이는 모서리: 9개, 보이는 꼭짓점: 7개
➡ 9+7=16

쉬운 개념 체크 30쪽

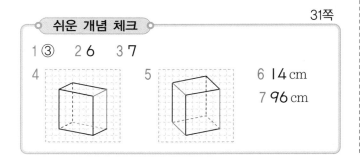

1
2 3쌍
3 면 ㄱㄴㄷㄹ, 면 ㄴㅂㅅㄷ, 면 ㄷㅅㅇㄹ
4 직각   5 4개
6 평행한 면: 면 ㄷㅅㅇㄹ ;
  수직인 면: 면 ㄱㄴㄷㄹ, 면 ㄱㅁㅇㄹ, 면 ㅁㅂㅅㅇ, 면 ㄴㅂㅅㄷ   7 26cm

---

1 직육면체에서는 서로 마주 보는 면이 평행하므로 마주 보는 면에 색칠합니다.

3 꼭짓점 ㄷ을 포함하는 면을 모두 찾아봅니다.

5 직육면체에서 한 면에 수직인 면은 4개입니다.

6 면 ㄱㅁㅂㄴ에 평행한 면은 마주 보는 면 ㄷㅅㅇㄹ이고, 나머지 4개의 면은 모두 수직입니다.

7 면 ㄱㄴㄷㄹ과 평행한 면은 면 ㅁㅂㅅㅇ입니다. 면 ㅁㅂㅅㅇ의 모서리의 길이의 합은
9+4+9+4=26(cm)입니다.

쉬운 개념 체크 31쪽

1 ③   2 6   3 7
4   5   6 14cm
                  7 96cm

---

1 보이는 모서리 9개는 실선으로, 보이지 않는 모서리 3개는 점선으로 그린 것을 찾습니다.

3 직육면체에는 길이가 같은 모서리가 4개씩 3쌍 있습니다.

5 서로 평행한 모서리는 평행하게 그리고, 보이는 모서리는 실선으로, 보이지 않는 모서리는 점선으로 그립니다.

6 직육면체의 겨냥도에서 보이지 않는 모서리는 3개입니다. ➡ 5+7+2=14(cm)

7 (8+7+17)×3=96(cm)

쉬운 개념 체크 32쪽

1 면 ㉑   2 면 ㉮, 면 ㉰, 면 ㉲, 면 ㉑   3 2, 4
4   5
6   7 92cm

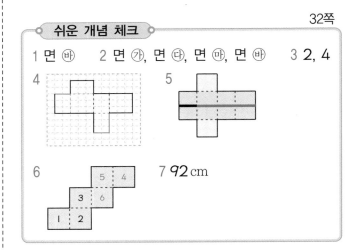

---

1 면 ㉮와 면 ㉰, 면 ㉯와 면 ㉱, 면 ㉲와 면 ㉑는 서로 평행한 면입니다.

2 마주 보는 면 ㉱를 제외한 4개의 면이 수직입니다.

4 서로 만나는 모서리의 길이는 같게 그리고, 서로 평행한 면은 크기와 모양을 같게 그리며, 접는 부분은 점선으로, 자르는 부분은 실선으로 나타냅니다.

5 색 테이프는 면 4개를 지나고 있습니다.

6 바로 옆의 면이나 대각선 방향의 면은 서로 마주 보지 않습니다.

7 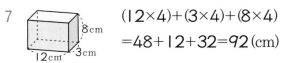   (12×4)+(3×4)+(8×4)
                          =48+12+32=92(cm)

쉬운 서술형
33~34쪽

1 3, 3, 1, 3, 3, 1, 7 ; 7개
2 점선, 1, 3, 4, 14 ; 14 cm
3 ㅁㅂㅅㅇ, 8, 3, 8, 3, 22 ; 22 cm
4 ㅊㅈ, ㅅ ; 선분 ㅊㅈ, 점 ㅅ

6단원

쉬운 개념 체크
35쪽

1 50초 2 10초 3 86점 4 125타
5 15번 6 20번 7 20번

1 $10+10+12+9+9=50$(초)
2 $50÷5=10$(초)
3 $(90+84+74+97+86+85)÷6$
  $=516÷6=86$(점)
4 $(120+130+120+130)÷4=125$(타)
5 $(13+15+12+20)÷4=60÷4=15$(번)
6 $15+5=20$(번)

쉬운 개념 체크
36쪽

1 82점 2 낮은 편입니다. 3 국어, 수학, 체육
4 143 cm 5 16초, 15초 6 형돈

1 $(64+80+72+92+88+96)÷6$
  $=492÷6=82$(점)
2 $80<82$이므로 상호의 수학 성적은 평균 점수
  보다 낮은 편입니다.
3 $(92+89+85+76+88)÷5$
  $=430÷5=86$(점)
  86점보다 점수가 높은 과목은 국어, 수학, 체육
  입니다.
4 $(140.7+143.8+138.2+149.3)÷4$
  $=572÷4=143$(cm)
5 호동: $(14+15+17+20+14)÷5=16$(초)
  형돈: $(14+15+13+18)÷4=15$(초)
6 기록이 짧을수록 달리기를 잘 한 것입니다.

쉬운 개념 체크
37쪽

1 ㅁ 2 ㄹ 3 ㄴ 4 호중 5 (1) $\frac{1}{2}$ (2) $\frac{1}{2}$
6 (1) $\frac{1}{2}$ (2) $\frac{1}{2}$ 7 0

1 주사위를 2개 던져서 같은 수의 눈이 나올 가능
  성은 '~아닐 것 같다' 입니다.
2 해는 서쪽으로 지고 동쪽에서 뜹니다.
3 전체 4장 중의 3장이 2 이상의 수가 쓰인 카드
  이므로 가능성은 '~일 것 같다' 입니다.
4 오늘 오후는 ☂ 표시이므로 비가 올 가능성
  이 큽니다.
5 (1) 숫자 면이 나올 가능성은 '반반이다' 이므로,
    수로 표현하면 $\frac{1}{2}$입니다.
  (2) 그림 면이 나올 가능성은 '반반이다' 이므로,
    수로 표현하면 $\frac{1}{2}$입니다.
6 (1) 노란색에 멈출 가능성은 '반반이다' 이므로,
    수로 표현하면 $\frac{1}{2}$입니다.
  (2) 빨간색에 멈출 가능성은 '반반이다' 이므로,
    수로 표현하면 $\frac{1}{2}$입니다.
7 포도 맛 사탕을 꺼낼 가능성은 '불가능하다' 이
  므로, 수로 표현하면 0입니다.

쉬운 서술형
38~39쪽

1 5, 6, 8, 4, 7, 30, 30, 5, 6 ; 6자루
2 85, 5, 425, 92, 84, 88, 76, 340, 425, 340,
  85 ; 85점
3 1, $\frac{1}{2}$, ㉠ ; ㉠
4 35, 43, 32, 54, 81, 35, 43, 32, 54, 81, 5,
  245, 5, 49 ; 49대

나에게 쓰는
편지

선생님이 **강력 추**천하는

개념 PLUS 단원평가

국어·수학·사회·과학 / 3~6학년 / 학기별

국어
– 단원별로 시험 출제율이 가장 높은 지문만을 발췌 수록
– 철저한 내용 분석을 바탕으로 다양한 문제 수록
– 서술·논술형 시험을 대비할 수 있는 창의 서술형 평가 수록

수학
– 문제의 난이도와 다양성을 고려하여 구성
– 창의적인 사고력을 향상시킬 수 있는 탐구 서술형 평가 수록

사회
– 꼭 알아야 할 기본 개념을 이미지 중심의 설명을 통해 이해하기 쉽도록 구성
– 난이도와 유형을 모두 잡는 그물망식 문제 수록

과학
– 교과서 내용의 이해를 돕도록 풍부한 실험 사진 수록
– 난이도에 따른 문제 구성과 자세한 첨삭 수록

정답 및
풀이